基于美丽中国的衡阳乡村旅游发展研究

屈中正　张艳红　李　蓉　著

中国林业出版社

图书在版编目(CIP)数据

基于美丽中国的衡阳乡村旅游发展研究 / 屈中正，张艳红，李蓉著．——北京：中国林业出版社，2019.6
ISBN 978-7-5219-0170-2

Ⅰ．①基…　Ⅱ．①屈…②张…③李…　Ⅲ．①乡村旅游－旅游业发展－研究－衡阳　Ⅳ．①F592.764

中国版本图书馆 CIP 数据核字(2019)第 147111 号

中国林业出版社
策划编辑：吴　卉
责任编辑：张　佳　孙源璞
电　　话：010－83143561

出版发行　中国林业出版社(100009　北京市西城区德内大街刘海胡同 7 号)
E-mail：thewaysedu@163.com
电话：(010)83143500
经　　销　新华书店
印　　刷　固安县京平诚乾印刷有限公司
版　　次　2020 年 5 月第 1 版
印　　次　2020 年 5 月第 1 次印刷
开　　本　787mm×1092mm　1/16
印　　张　11.25
字　　数　222 千字
定　　价　68.00 元

基于美丽中国的衡阳乡村旅游发展研究
编写人员

主要著者：屈中正　张艳红　李　蓉

其他著者：茹　意　郭　瓛　钟佩佩　郭　玲
钟　燕　唐映月　李　常　陈运喜
熊国祥　力致鸣　贺小成

前　言

人类文明进入到21世纪，随着生活观念的转变，生活、工作压力的日益增大、精神追求的日益增长及农村人居环境的进一步改变，城市周边乡村旅游逐渐发展兴旺起来。出现了乡村旅游这一新的形式，乡村旅游是指发生在非城市区域的以乡村文化景观(农业生产及农村聚落)为主要依托的旅游活动，这是一种新型的旅游形式，几乎与城市化建设同期，在人类产生旅游活动以来就有乡村旅游的活动。但真正意义上的乡村旅游，却是19世纪中后期才出现，这种旅游形式在“二战”以后得到蓬勃发展。乡村性是乡村旅游的重点，是能够满足都市人对渴望身心回归自然的需要[①]。

进入21世纪，随着城市居民工作压力的日益增大、生活观念的转变、城市居民经济水平的提高和闲暇时间的增多，在我国农村经济大发展的大好形势下，我国城市周边乡村旅游逐渐发展兴旺起来。尤其在近年来城乡协调发展及新农村建设的背景下，国家政府更是大力扶持乡村旅游这一绿色经济。“住农家屋、吃农家饭、干农家活、享农家乐”已逐渐成为城市居民周末出游的新趋势。国家旅游局推出的体育健身游、民间艺术游、烹饪王国游、百姓生活游、中国旅游年等旅游主题活动，这些活动都很具有特色性、参与性、全民性及民间性，更是吸引人们参与到旅游行列中来，乡村旅游也随之得到了蓬勃发展，出现了一大批具有鲜明乡土特色和时代特点的乡村旅游地与乡村旅游区。

规划与发展好乡村旅游，对于调整农村的经济结构，统筹城乡收入结构，提高农民收入，增加农村的就业率，在一定程度上减少农村人口的流失，保护农村传统文化，不断改造农村的各类基础措施，为农村的发展将带来全新的观念[②]。乡村旅游作为连接城市和乡村的纽带，对于逐步缩小地区间经济发展差异和城乡差别、优化农村产业结构，推动乡村经济、社会、环境和文化的可持续发展具有重要意义。衡阳作为国家重要旅游城市，是一个具有丰厚旅游资源的目的地，境内具有大量的人文景观与自然景观，但是仅南岳进入5A级国家风景名胜区，国内一些学者对其有一定的研究。在应对新兴的旅游业，带动地方经济发展方面，从整体上，对资源的优化，线路的设计上，衡阳旅游虽然起步较早，但是，目前还没有多少具体的乡村旅游专项研究，缺乏第一手数据。当前，各省市对旅游资源相继进行盘点，“十二五”期间，全市累计接待国内外游客18 978万人次，其中，国内游18 893万人次，入境游客85.6万人。旅游综合收入累计达1090.1亿元，旅游外汇收入

---

① 黄炜炜．扬州乡村旅游发展研究[D]．扬州大学，2007

② 邹统钎．中国乡村旅游发展模式研究——成都农家乐与北京民俗村的比较与对策分刊，2005(3)：63－68.

3.85 亿美元。游客接待总量、旅游综合收入和产业发展增幅均位居全省前列。2017 年，全市共接待国内外游客 6205.63 万人次，实现旅游收入 568.05 亿元，均位列全省第二，已占到全市 GDP 的 11% 以上。在发展乡村旅游方面优势逐步凸显。特别是近年来，衡阳市在旅游文化层面大做文章，如衡东土菜文化节、中国常宁油茶文化旅游节、萱州、西渡等油菜花节等，提升了衡阳旅游的品牌形象，为衡阳市乡村旅游创造了好的环境。但是，衡阳市乡村旅游产业依然存在整体规划单一、旅游产品缺失、娱乐项目无特色、基础设施不完善等问题，这也在很大程度上制约了衡阳乡村旅游的发展，本书以此为契机，着重研究了衡阳市乡村旅游的现状，从微观到宏观研究衡阳乡村旅游分析开发得失，并结合不同地区特点选择不同模式进行对比研究，如农家乐模式、农业观光园模式、农业新村模式等，并对衡阳市乡村旅游如何保持可持续发展发表策略，重点针对衡阳市乡村旅游可持续发展存在的问题提出建议，更好地为衡阳市乡村旅游持续发展提供理论参考。

目录

下　篇

上　篇

第一章　研究衡阳乡村旅游的目的及意义

一、研究目的

旅游业要发展，离不开旅游的主体(游客)、客体(旅游资源)。衡阳乡村旅游发展关键在于以特色吸引旅游主体；以盘活客体的配套设施，包括交通，住宿，饮食等。而特色在于吸引，我们认为，衡阳的旅游资源中除南岳外已经有初步特色并成为衡阳的旅游名片外，其他均处于初期发展中，衡阳虽然有王船山、夏明翰、罗荣桓等名人旅游资源；有以石鼓书院为代表的人文资源；有以南岳衡山为代表的自然资源。但是衡阳的旅游资源整体上缺乏亲近游客的实际内涵。不同地区在不同时期下，乡村旅游对其生态、经济和社会效益的促进作用也会有所不同。

我们在明确乡村旅游概念的基础中，分析国内外乡村旅游的发展模式，并结合现阶段下衡阳乡村旅游发展现状进行分析，研究目的在于通过调研衡阳当下乡村旅游资源开发的利弊，从衡阳乡村旅游产业如何与当地实际情况进行有机结合等方面进行研究，就如何发挥好当地特色乡村旅游的重点问题，通过分析衡阳市发展乡村旅游的条件、发展模式中存在的问题和原因，对衡阳乡村旅游的发展进行准确的定位。

二、研究意义

当前，衡阳的乡村旅游业虽然取得一定成绩，但是从总体上看，还处于经营理念不先进，开发层次较低，经济效益不明显的状态。在如何壮大衡阳旅游经济，打响衡阳旅游品牌上，大有文章可做。我们选择衡阳市乡村旅游进行研究是基于以下考虑：

第一，以乡村旅游带动“三农问题”的解决，切实增加农民收入。建设社会主义新农村的根本目的就是要让农民过上快乐幸福的小康生活。如何才能让农民朋友过上快乐幸福的小康生活呢？那就是要增加农民的收入。当前农民增收的途径主要如下：一是开发乡村旅游景点的过程中，大部分要用到当地的劳动力，这就为当地的农民朋友创造了增加收入的机会；二是乡村旅游景点中的员工80%以上是就近的农民朋友。这样，不仅解决了当地农村剩余劳动力的就业的问题，而且还大大增加了农民的收入。

第二，以乡村旅游带动农村基础设施的建设，改善人居环境。乡村旅游的开发是一个系统工程，就硬件投资而言，首先要对这个地方的基础设施进行修整。如硬化地面、山体护坡的加固、水渠、水库的改造等。乡村旅游的开发，极大地改善了乡村的交通、水利及环境，也在很大程度上改变了这些景点周边乡村的面貌，使景区和乡村的发展达到了和谐统一。

第三，以乡村旅游带动带动城乡生活水平的整体改善。笔者从体验式营销的视角入手，通过对衡阳市乡村旅游者心理的分析，设计出符合衡阳乡村旅游资源体验式营销模式，并将研究思路进行适当的推广，通过乡村旅游品牌的建设与推广，力求设计一个促进衡阳乡村旅游业发展的整体思路，最终达到城乡经济发展的深度融合。

三、有关乡村旅游的理论

任何研究都有完善的理论基础，乡村旅游也不例外，就乡村旅游的特点来看，其相关的理论基础表现在几个方面：

（一）可持续发展理论

可持续发展理论最早在 1972 年提出，到了 20 世纪 80 年代，人们对可持续发展理论产生了系统的认识，可持续发展不仅要满足当代人的需求，也不能损害后代的利益，理论的核心就是发展，强调达到环境、社会以及经济效益的协调发展。可持续发展的标志就是资源与环境的永续利用，这也是社会经济发展的基础。可持续发展理论注重生态持续性，就是任何的发展都需要建立在保障自然生态系统健康的基础上，同时，注重社会公平，任何的自然资源，人们都能平等享受到，任何人都有追求理想生活的愿望，也有享受生活的权力，因此，社会经济的发展必须要重视生态环境的协调性并采用可以促进自然资源与生态环境可持续发展的生产技术。综合来看，可持续发展强调环境、资源承载能力的协调性，注重人们生活质量的提升，为了实现经济与社会的可持续发展，需要注重生态、社会与经济的和谐统一，兼顾效率与公平，实现社会的全面发展。

旅游业是一种无污染产业，但是随着旅游业的兴起，旅游业对于环境与社会也造成了不良的影响，在旅游业的发展中贯彻落实可持续发展理念是促进旅游业发展的重要途径。旅游业的发展应该强调环保、公平，人们不应该为了满足一时需求损害后代的利益。乡村旅游产业的发展也要建立在可持续发展理论的基础上，将人类生存环境、自然环境与旅游文化作为整体，遵循持续性、共同性和需求性原则，就现阶段来看，乡村旅游产业的发展还存在一些制约因素，影响了这一产业的有序发展，这表现在两个方面：首先，对于资源的保护不当，资源过度开发问题严重；其次，乡村旅游产业从业人员综合素质参差不齐，忽视了这一产业的可持续发展，缺乏可持续发展意识。

为了促进乡村旅游产业的进一步发展，必须要将可持续发展理论贯彻落实到其中，处理好资源环境、生态环境、经济之间的关系，避免出现只开发、不保护的问题，从管理、意识等多个方面找出乡村旅游产业可持续发展的结合点，控制好开发力度与容量的关系，促进乡村旅游产业的有序发展。

（二）产业融合理论

关于产业融合的理论，最早由罗森伯格提出，罗森伯格将性质与产品功能无关的产业称之为技术融合，产业融合包括两种类型，即供给方的融合与需求方的融合，这两类融合可以实现互补性融合与替代性融合，在产业演进的过程中，产业融合往往会出现不同的表现，产业类型不同，那么融合的方式也会出现差异，这会在一定程度上推动产业的演化与发展，其主要由产品融合、技术融合、市场融合、企业融合、制度融合几个方面组成。针对产业旅游的融合现象，学界已经展开了深入的研究，旅游产业的融合可以实现国民经济与旅游产业的相互渗透，从具体类型上看，包括旅游产业的内部融合以及旅游产业与其他产业的融合。旅游产业的融合是基于一个开放的系统，涉及众多的知识点。旅游产业的融合会带动旅游商品、旅游用品的发展，拉动商业、金融、信息、文化、运输等产业的繁荣。

（三）体验经济理论

体验经济理论最早产生于经济学中，从 20 世纪 90 年代开始，人们开始将体验经济理论应用在关于旅游业的研究中，产生了体验式旅游的新型旅游模式，该种旅游模式是按照特定程序与组织开展的旅游形式，为人们带来了全新的旅游体验，体验式旅游可以让都市的居民体验自然生活，获取到愉悦、新鲜的旅游体验。

（四）社区参与理论

社区参与（Community Participation Theory）属于旅游发展的有机组成，该种理论认为，具有相同兴趣、相同区域与相同种族的人，可以组成一个整体，也就是社区，社区的概念有着突出的人际交往性，具有深刻的团队意义。旅游区与社区之间是密切相关的，社区可以为旅游区的发展提供良好的空间，而旅游区则可以进一步促进社区的发展与壮大。要促进乡村旅游产业的发展，必须要意识到农村社区的参与意义。对于乡村旅游而言，这一产业的发展基础就是农户的参与与收益，关注农村社区的参与，对于促进乡村旅游产业的发展有着积极的作用，乡村旅游的发展也会给农户带来正向影响，让他们获取到应有的收益，实现两者的共同发展。

（五）商品供求理论

供求理论是商品经济的重要理论，很多商品的特征，都可以利用供求理论进行判断，如生产与消费、商品与货币、价值与使用价值，都是商品供求理论的突出表现，如果将其与市场相连，即可表达出供给与需求之间的联系。关于商品供求理论，其核心在两个方面。第一，该种理论强调生产者与消费者的联系，第二则强调商品与货币之间的联系。乡村旅游需求是为了满足人们旅游目的而发展的特殊产业，旅游者需要满足旅游动机、闲暇时间与支付能力这三项要求，才会参与到乡村旅游中。关于供给，就是指在生产者可以为乡村旅游市场提供的服务，旅游供给(卖方)和旅游需求(买方)之间是紧密相连的，旅游供给是满足旅游需求的前提，也是决定乡村旅游产业是否可以得到发展的重要因素。

(六)生态经济学理论

生态经济学是生态学和经济学理论结合形成的交叉理论学科，它与人类探求重大生态经济问题的产生原因、发展趋势和解决及预防的措施的过程相伴。在20世纪30年代，苏联的经济学家斯特鲁米林便在其经济学理论中提到了生态经济体系的内容，引起了学术界对生态经济的关注。20世纪60年代，美国经济学家鲍尔丁在《一门科学——生态经济学》一文中，首次提出了“生态经济学”的概念。此后，欧美和日本涌现出许多研究生态经济学的学者和具有代表性的著作。我国学界对生态经济的研究，始于20世纪70年代末。生态经济学理论认为，生态经济系统是由生态经济要素组成，这些要素包括生物要素、环境要素、技术要素以及经济要素等。生态经济系统是一个具有独特结构与功能的生态经济复合体，它受生态经济规律的支配和制约，其最佳状态就是生态平衡和经济平衡相对稳定、统一的平衡状态，即生态经济平衡。生态经济学虽然也以人类利益为根本出发点，但它突出强调生态系统的完整性和容纳性，强调生态效益与经济效益的结合与统一。正如有学者所指出的，生态经济学在伦理观上将生态系统作为自然资本的价值与固有的存在价值结合起来[①]。森林旅游区其实也就是一个生态经济系统，是以森林为主体的生态系统与以旅游活动为主导的经济系统的融合而成的生态经济复合体。因此，发展森林旅游就必须用生态经济学理论为指导，充分考虑生态环境要素、社会经济要素、旅游资源要素与科技文化要素之间的平衡关系，最终实现生态与经济的全面、协调、持续发展。

(七)生态旅游学理论

生态旅游是一种正在蓬勃发展的新兴旅游项目，也是当代旅游界和旅游学术界关注的一个热门话题。一般来说，生态旅游以及生态旅游学的产生，主要有这样几个方面的原因：从20世纪60、70年代兴起的环境运动；旅游自身的反思；自然环境保护方式的变革以及发展中国家经济社会发展的需要。在1983年，国际自然保护联盟的顾问谢贝洛斯·拉斯喀瑞首次提出了生态旅游的概念和理论，其基本主张就是：第一，生态旅游的对象是自然景观；第二，生态旅游的对象不应受到伤害。生态旅游学理论与以往的旅游理论相

---

① 尤飞，王传胜．生态经济学基础理论、研究方法和学科发展趋势探讨[J]．中国软科学，2003，(3)：131－138.

比，主要关注的是在受人类干扰程度较小且具有独特自然与文化价值的旅游区中发生的旅游活动，强调生态旅游应具备保护功能(即保护旅游地的自然环境和文化)和发展功能(包括提高旅游者的体验、旅游地经济和居民福利和旅游企业的收益)，要求旅游活动遵循可持续发展的原则。森林旅游作为生态旅游的一种最主要的旅游形式，其飞速发展，在很大程度上受到生态旅游及生态旅游理论研究的不断深入。根据生态旅游学的理论，森林旅游特别是要处理好旅游者、旅游企业、旅游地政府和居民与森林之间的关系，既要满足旅游者体验的需要、旅游企业和旅游地经济社会发展的需要，又要保护森林资源。

(八)环境伦理学理论

随着人类社会对生态文明的关注，环境伦理学这门新兴学科兴起并流行起来。环境伦理学也可称为生态伦理学，从其诞生起它所传播的新的价值观念和思维方式，新的道德规范与行为准则，新的道德境界与道德理想，正在逐渐渗透到社会、经济、政治、文化以及科技等领域，推动着现代社会的生产生活方式和人类思维方式的变革，成为了构建生态文明的重要促进力。环境伦理学理论向来存在两个对立的理论倾向：一是人类中心主义；二是非人类中心主义。而在以强调大自然的价值和权利为主要特征的非人类中心主义理论阵营中，又包括生命中心主义、痛苦中心主义以及自然中心主义等理论倾向①。痛苦中心主义认为具有感知能力的生物也具有内在价值，应该获得人类道德上的重视；生命中心主义则更进一步，认为所有生命都具有道德价值；自然中心主义干脆认为，人类的道德尊重应扩展到整个大自然。人类中心主义与非人类中心主义这些理论倾向最大的不同就是，人类中心主义者认为自然和自然物仅仅具有工具价值，而没有内在价值。因此，一切自然和自然物只有被人类利用后才有价值，也即我们通常所说的资源。面对生态危机和环境破坏，非人类中心主义主张人类应承认自然的主体性，给予其平等的道德尊重；人类中心主义则认为只要人们认识到生态平衡、环境优美的重要性，调整人类对环境及自然物的行为模式并提供相应行为规范即可。森林既是自然的一部分，也是人类赖以生存的重要自然资源。森林旅游正是依托这种自然资源才得以开展，因此，以何种理论视角审视森林，对森林旅游中人与森林关系的和谐意义重大。

五、相关概念

旅游是一种往复的行为与活动，“旅”强调观光与娱乐，是为了满足某种目的在两地的活动，“游”强调娱乐，“旅游”的目的就是为了满足人们的娱乐要求。旅游需要满足三个要求，即旅游目的、旅游时间与旅游距离。

---

① 甘绍平．我们需要何种生态伦理[J]．哲学研究，2002，(8)：49－56.

(一)乡村旅游及相关概念

1. 旅游

在中国，“旅”和“游”二字在中国出现很早。旅游一词在我国古代就一直有旅游审美而达到的那种自由自在，逍遥无为的精神境界和由此而来的对待世界的审美态度。在中国古代，“旅”是一个有目的的功利性活动，具有时间空间的双重属性。在我国古代“游”是浮行于水，含有行走的意思。本义是同陆上活动有关的行为，同时指谙习水性的人在水中的自由活动。其本身就是包含有顺应自然，适意而行的意味，具有无意志，非理智的超功利的旅游的特征。目前国际上有关旅游的定义很多，公认的是旅游科学专家联合会通过的艾斯特(IST)定义，由瑞士学者汉泽克尔、克拉普夫提出的“旅游是非定居者的旅行和暂时居留而引起的现象和关系的总合。”

我们倾向对旅游的定义是：是人们为了休闲、商务和其他目的，离开他们惯常的环境，到某些地方去以及在某些地方停留，但连续停留时间不超过一年的活动。

2. 乡村旅游

纵观目前我国的研究来看，关于乡村旅游的研究，还尚未形成统一的观念，不同的学者，对于乡村旅游存在不同的观点，学者们从旅游活动形式、旅游客体与旅游主体进行研究，从多个方面探讨了乡村旅游的概念。我们只有把握好乡村旅游的核心概念，才能够构建出完善的理论体系。

(1)关于乡村旅游的概念

涉及相关乡村旅游理论体系，虽然国内外已经针对乡村旅游进行了全面的界定与诠释，但是目前的研究还处在初级阶段。国外乡村旅游比国内乡村旅游的发展时间要早。对于乡村旅游，欧盟(EU)的定义是：乡村旅游是在乡村内的旅游活动，乡村旅游活动的核心卖点就是“乡村性”。美国的 Ady Milman 认为，乡村旅游是处于农村地区的旅游，乡村旅游有着农村的特征，该种企业规模小、旅游区域开阔、可持续发展等；英国的 Bramwell and Lane 提出，乡村旅游有着多层面的特征，不仅包括农业假日旅游，还涵盖到探险活动、假日步行、自然旅游、健康旅游、打猎钓鱼以及其他的民俗旅游。

我们认为：乡村旅游是以乡村生活风情、田园风光、生产行为为吸引物，以城市居民为客源，满足其娱乐、求知的需求，从而实现人与社会和谐发展的旅游形式。

(2)乡村旅游的特点

①乡土性　乡村旅游最为显著的特征就是乡土性，与城市旅游不同，乡村旅游更加强调对乡村旅游景观的挖掘，为旅游者提供乡村的生活。

②广博性　乡村文化是一种民间文化，乡村旅游资源的核心主要集中在文化艺术、民俗风情、乡村自然景观、居民建筑等方面，这对于城市游客有着极大的吸引力。

③体验性　乡村旅游的灵魂就是体验性，与传统的旅游活动相比，乡村旅游强调让人们返璞归真，人们可以亲自品尝、体验、采摘、耕种，体会农村中的乡土风情。

④定向性　乡村旅游是解决三农问题的重要载体，是以乡村的特色产品作为吸引物，为游客提供旅游产品，其客源主要是城市居民，因此，乡村旅游也有着定向性的特点。

3. 生态旅游与森林旅游的概念

(1)生态旅游

生态旅游(ecotourism)是由国际自然保护联盟(IUCN)特别顾问谢贝洛斯·拉斯喀瑞(Ceballas·Lascurain)于1983年首次提出的。他认为生态旅游作为常规旅游的一种形式，具备下列两个要点：一是生态旅游的对象是自然景观和社区历史文化遗产；二是生态旅游的对象不应受到损害。但是，"生态旅游"一词从出现到现在，不同的学者或组织从不同的角度给生态旅游的定义丰富、扩充和深化了生态旅游的内涵，但至今没有被广大学术界和社会所公认的定义。

自生态旅游的概念产生以来，国内外各级组织与学者近年来对生态旅游概念从不同角度进行定义，其中影响较大的有两个。第一个是1993年，国际生态旅游协会(TIES)把生态旅游定义为：游客到自然地区的一种负责任的履行。这就说生态旅游是一种具有保护自然环境和维护当地人民生活双重责任的旅游活动。第二个是世界银行环境部和生态旅游学会给生态旅游下的定义：有目的地前往自然地区去了解环境的文化和自然历史，它不会破坏自然，而且它会使当地社区从保护自然资源中得到经济收益。

我们认为生态旅游是一种以可持续发展为指导思想，以环境保护为核心理念，以追求人与自然和社会的和谐统一为目标，以自然生态系统为观光游览对象，把旅游活动与生态环境保护和教育相结合，保护自然生态系统不受损害的旅游。[①]

(2)森林旅游

相比生态旅游，森林旅游的外延狭小得多，所涉及的旅游资源是指自然资源中的森林资源。我国林业经济学家蒋敏元[②]在《森林资源经济学》一书中指出，狭义的森林旅游就是指旅游者在一个森林环境中自愿地利用闲暇时间从事以享受为主要目的的所有活动。通常，森林旅游包括在森林徒步旅行、森林狩猎、骑马以及在森林中进行的野登山、观赏、滑雪等活动。马建章在《森林旅游学》中认为，狭义的森林旅游指的是人们在闲暇时间，以森林为背景所进行的各种游憩活动。这些活动主要包括登山、观鸟、野营、野餐、赏雪、滑雪以及狩猎等。但新球和周光辉[③]也基本赞成把人们利用闲暇时间在森林中的旅游行为

---

① 谢雄辉．生态旅游内涵探析[J]．桂林航天工业高等专科学校学报，2007，(4)：113－116.

② 蒋敏元．森林资源经济学[M]．哈尔滨：东北林业大学出版社，1990.

③ 但新球，周光辉．对森林旅游及其特点的认识[J]．中南林业调查规划，1994，48(2)：57－60.

和现象统称为森林旅游。但是，他们还指出，森林旅游并不仅仅指在森林公园、国家公园或者风景名胜区中的森林中进行游览，而是广泛地指在森林中的一切游憩行为。

我们可以对生态旅游做如下定义：它是一种以可持续发展为指导思想，以环境保护为核心理念，以追求人与自然和社会的和谐统一为目标，以自然生态系统为观光游览对象，把旅游活动与生态环境保护和教育相结合，保护自然生态系统不受损害的旅游。①

4. 体育旅游

在西方国家，体育旅游早已纳入研究视野，对该运动的研究也较为系统。Standevan等认为体育旅游的开展地点是旅行者离开自己的常在地；从动机来看是主动或被动地的参与行为，从个体与集体的层面来说是有组织的或者是随意的体育活动，其商业利益目的较为含糊。Bull 等将体育旅游定义为旅游者外出度假，度假的主要形式是参加或观看体育活动。Gibson 将体育旅游定义为旅行过程中以休闲养生为主要目的，旅游者自主或不自主地参加体育健身、观看体育竞赛或参观与体育运动有关的附属物。

从国内来看，国内学者对体育旅游从概念层面给予诸多定义。通过参与欣赏性、体验性或思考性体育活动达到促进健康、休闲余乐、挑战自我、陶冶身心的过程。旅游作为一种休闲、健身的生活方式，由于体育活动的融入，变得日益丰富。柳伯力、陶宇平主编的《体育旅游导论》中将体育旅游资源根据其特性划分为休闲类、观光类、刺激类、健身类，见表 1-1②。我们认为体育旅游是一种产业的开发行为，内涵指的是消费者在闲暇时间，为了身心的健康，选择特色体育资源为内容的目的地，以一定体育设施为依托而进行的社会关系和现象的总和。

表 1-1 体育旅游资源分类表

资源类型	资源种类	产品开发
休闲类体育旅游资源	草原、森林、江河、湖泊、海域等度假村	高尔夫球、钓鱼、游泳、攀爬、赛舟、滑雪、滑草、露营等
观光类体育旅游资源	体育场馆、体育设施	民俗节庆、杂技、武术表演、擂台赛等
刺激类体育旅游资源	水、陆、空、娱乐设施等	漂流、速降、高空表演、攀岩、穿越、野外生存等
健身类体育旅游资源	健身场所、海滩公园、疗养院等	徒步极速走、骑自行车、登山、慢跑、天然温泉浴等

① 谢雄辉．生态旅游内涵探析[J]．桂林航天工业高等专科学校学报，2007，(4)：113－116.
② 柳伯力、陶宇平，体育旅游导论[M]．北京：人民体育出版社 2003.

第二章 国内外关于乡村旅游及相关情况研究

第一节 国外乡村旅游研究综述

一、国外乡村旅游研究现状

乡村旅游是指以乡村美丽的自然景观和传统文化为旅游资源吸引游客参观游览的一种新型旅游方式。乡村旅游起源于欧洲，在19世纪中期，意大利、德国、法国、英国、西班牙等国家的乡村旅游开始发展起来。20世纪50年代前后，西方发达国家大多完成了工业化和城市化。由于工业化和城市化，大量的农村人口(主要是青壮年)迁往城市，乡村地区出现了萧条景象。正是在这种情况下，自20世纪60年代开始，政府为了振兴农村经济，鼓励发展乡村旅游，期望以此为契机，实现农村产业结构调整和收入来源多样化，促进农村地区的经济社会发展，1865年在意大利成立的“农业与旅游全国协会”则标志了乡村旅游作为一种重要的旅游类型的诞生，并成为旅游业中不可缺少的组成部分。

欧盟(EU)与世界经济合作发展组织(OECD)认为，乡村旅游产业就是发生在乡村地区的各类旅游行为，其中，乡村是乡村旅游开发的一项核心内容。Bill Bramwell认为，乡村旅游的内涵需要包括五个方面：①旅游地点位于乡村中；②有着乡村的属性；③乡村旅游具备传统的乡村文化与农业社会结构，会受到周围环境、资源与政府活动的影响；④旅游行为的尺度在一定范畴中；⑤虽然乡村地区有着一些相似之处，但是也存在着一定的差别，因此，乡村旅游的类型也是多种多样的。

早在19世纪在西方发达国家就出现了乡村旅游。随着交通设施的发展，越来越多的城市居民选择到乡村去逃避工业城市的污染和快节奏的生活方式。欧洲的阿尔卑斯山区和北美的落基山区成为世界上早期的乡村旅游地。但这时的乡村旅游仅仅是诸多旅游活动中的一个项目，没有形成产业，也不是乡村发展中令人关注的领域。到了20世纪中后期，随着工业化和城市化进程的不断加速，乡村的经济和政治地位发生了很大的变化。乡村旅游作为改变乡村经济结构的重要途径之一，引起了政府的高度重视，得到蓬勃的发展。在法国，乡村旅游被称为“绿色旅游”“乡村旅游”或“可持续性旅游”，目前全国有1.6万个农庄推出了乡村旅游活动，并有33%的居民选择到乡村度假，乡村地区每年接待的国内外游客约为200万人次，乡村旅游收入约占旅游总收入的1/4。西班牙的乡村旅游在20世纪

90年代以后的发展超过了海滨旅游，并成为全国旅游业最重要的组成部分，西班牙在开发乡村旅游方面有着丰富的经验，政府制定了专门的乡村旅游质量标准，乡村旅游产品、管理和市场开发都已相当成熟。

在亚洲许多国家，乡村旅游方兴未艾。例如，日本把乡村旅游看成是解决农村社会收入增加、人口老龄化、城乡交流和区域景观美化等的重要手段，国家和地方制定了相关的政策和法律。近年来，“里山”(村落周围的山林及其环境)在日本作为一种社会现象备受瞩目，发挥里山的环境效用已经成为人们的共识，越来越多的市民们走进里山，通过共同参与的方式，实现了自我成长，并做到了自我回归。不可忽视的是随着乡村旅游的发展，乡村旅游存在问题的研究也应运而生，如伴随着旅游业的发展，给当地乡村环境和乡土文化带来了破坏等问题。

从整体上来看，国外乡村旅游产业的发展的较为迅速，原因主要基于以下四个方面：

第一，政府的重视。国外发达国家，其政府在乡村旅游产业的经营、规划、推销、管理活动上，给予了一定的资金与政策的支持。以韩国为例，早在1984年，韩国政府就将农业旅游作为一项重要的计划来推行；在美国，农业部设置了专门的旅游发展资金，只要有适宜的发展项目，即可申请。地方政府在制定旅游规划时，非常注意乡村旅游的发展，为旅游业提供住宿、交通等设施，并通过相关的法律法规来促进乡村旅游产业的发展。

第二，协会的支持。在多个国家中，都采用了“政府+协会+农户”的经营模式，在该种模式中，农户属于乡村旅游经营与开发工作的主体，协会则在旅游的管理与营销上发挥出了一定的积极意义。如罗马尼亚乡村，在全国范围内共计32个分会，有8000多家会员，成效显著；美国非营利组织，对于乡村旅游的发展也有着积极作用，在1992年，美国就确定了乡村旅游基金(NRTF)，提供资金的规划、募集与发放工作，有效提升了乡村生活质量，缓解了乡村旅游产业的压力。在加拿大，其提供的乡村旅游形式有土著旅游与度假农庄模式，协会是乡村旅游的管理者，如加拿大土著旅游协会(CNATA)、乡村度假农庄协会(CVA)等，对于乡村旅游的发展起到了一定的促进作用。

第三，特色化发展。国外非常注重乡村旅游产品的多元化与特色化发展，在法国，其乡村旅游中就包含了极具法国特色的黄油、葡萄酒、鸡蛋、牛奶、烤面包，游客可以参观葡萄酒酿造作坊，参观葡萄酒的酿造过程，学到品酒知识，仅仅凭借葡萄酒这项竞争优势，就为法国的乡村旅游提供了筹码。在芬兰，政府会安排小学与幼儿园的孩子在农场中观看奶牛饲养与农田耕种，农场还会定期举行骑术培训班，儿童还可以骑坐马车在农场中游览，在农场中度过美好的假期。可以看出，国外乡村旅游产品品牌化强、参与度高、特色性明显，得到了游客的认可。

第四，完善的营销模式。国外乡村旅游产业的营销策略涵盖到了营销渠道、营销手段、竞争策略几个内容。在营销手段上，国外主要利用节日促销、网络营销、口碑传播等促销手段，其中口碑传播的重要性是不言而喻的，在加拿大蒙特利尔汤布朗小镇，就采用了名品折扣、乡村景观结合的旅游产品形式，利用游客的口碑相传吸引了越来越多游客的注意力。此外，国外的旅游网站也更为成熟，旅游者可以在网站中可以更加方便的获取相关信息，各个地区也常常会利用旅游网站制定促销手段。例如，在法国的 RC 乡村旅游企业，在法国滨海旅游节期间，就利用超市发放传单、制作指示路标、预订宣传海报等方式吸引了大量的游客。

二、国外森林旅游研究现状

森林旅游发展最早的国家是美国，森林公园在美国的建立和发展是其森林旅游得到正式认同的标志之一。早在 1872 年，美国就建立了黄石国家公园，这是世界第一个国家森林公园。到 20 世纪 60 年代，美国的森林旅游就已初具规模。国外对森林旅游的关注主要集中在以下方面：关于森林旅游的界定、价值的研究。G·鲁滨逊·格雷戈里是美国最早提出森林旅游概念的林业经济学家。他在其著作《森林资源经济学》中分别探讨了木材产品经济学、木材生产经济学和非木材产品经济学。格雷戈里[①]（1972）在书中提到了“森林游乐”的概念，即“在一个森林环境里自愿地从事以享受为主要目的的一种闲暇时间的活动，包括打猎、钓鱼、徒步、观鸟、登山、滑雪，等等。”同时他还论述了森林游乐的生产特点，以及由私人生产和公共生产应注意的问题与森林游乐所能带来的经济价值，以及影响森林游乐需求的四个因素：人口、收入、闲暇时间和可供选择的机会。波斯特和麦特森[②]（1995）采用条件价值法——CVM 法比较了瑞典南部和北部的森林旅游价值，认为森林旅游的价值主要取决于森林资源的特征，并且通过加强对森林的管理可以提升其旅游价值。

关于森林旅游与环境影响的研究。哈罗德·古德温[③]（1996）提出，在谨慎的控制和管理下，自然保护区发展生态旅游是保护区累计保护和管理资金的重要途径，而且生态旅游活动给当地居民带来的收入也使其减少对环境的破坏性开发，从而有助于生物多样性的保护。以沃尔和莱特[④]（1997）为代表的一部分学者，从森林环境整体构成的角度关注森林旅游环境效应，研究人类的森林旅游活动队自然保护区的生态环境产生的作用和影响。林汉

① ［美］G·鲁滨逊·格雷戈．森林资源经济学［M］．许伍权，等译，北京：中国林业出版社，1985：440－479.

② Goan Bostedt，Leif Mattsso. The value of forests for tourism in Sweden［J］. Annals of Tourism Research，19922，2（3）：671－680.

③ Harold Goodwin. In Pursuit of Ecotourism［J］. Biedivers Consery. 1996，5（3）.

④ Wall G，Wright C. P. The Environmental Impact of outdoor Recreation［J］. University Of Waterloo，1997.

杰和霍斯顿[①](2000)在研究1977—1997年瑞典人在森林旅游爱好的变化趋向后，发现瑞典人森林旅游与环境的冲突有下降的趋势。

关于森林旅游者旅游偏好的研究。威廉·汉密特等人[②](1994)运用照片、问卷调查等多元手段研究了旅游者在阿巴拉契亚山脉进行森林游憩时的视觉偏好。格兰[③](1998)在对泰国国家森林公园的旅游者进行访问调查后，归纳出了五种不同的旅游者，他指出生态旅游者更倾向于保护环境和艰苦的野外旅游活动。丽莎(2000)[④]研究了距离对瑞典人进行森林旅游的影响，她发现超过40%的瑞典人更倾向于选择1千米以内的短程森林旅游。

从国外的研究来看，关于森林旅游的可持续发展虽然论著很多，且比较成熟，但是对我国刚刚起步的森林旅游来说，对于这些研究成果，我国因为地域的不同，不能生搬硬套。

三、国外体育旅游研究现状

体育旅游作为一种旅游形式具有十分久远的历史。我们可以从远古史籍中找到记录体育旅游的零星文献。作为欧洲文明的源泉和发祥地的古希腊、古罗马时期，就记载过普通民众自觉前往某地参加各种运动会观摩旅游的事情。现代意义上的体育旅游研究是的现代旅游出现之后。20世纪80年代，Deknop和Glyptis就开始研究体育旅游，他们借助细致地观察，主动与参加体育活动的游客进行深度交流，并就此进行研究和分析，开创了体育旅游研究之先河。20世纪90年代后期，体育旅游产业体系逐渐形成，欧洲许多国家的学者发表了大量体育旅游相关文章。近几年，许多高水平的理论和应用成果层出不穷。

国外体育旅游研究的突出点主要有：

(1)关于体育旅游的发展以及未来开发研究战略方面

Arvid Flagestad和Christime A. Hope从可持续发展的视角，曾对欧洲、北美冬季运动型度假区进行研究，对度假区的旅游发展提出了社区和企业两种体育旅游方面的发展模式。澳大利亚2000年出版的Towards a National sports tourism Strategy一书，提出澳大利亚体育旅游的发展战略。该书从宏观手段、合作交流、地区体育旅游的发展、加强科学研究、体

---

① A. lindhagen, L. Homsten. Forest reaction in1977 and 1997 in Sweden: changes In Public Preference and behavior [J]. Forestry, 2000. 73(2).

② William E. Hanmmitt, Michacl E. Patterson, Francis P. Noe. Identifying and Predicting visual Preference of southern Appalachian forest recreation vistas[J]. Landscape and Urban Planning, 1994, 29(2-3): 171-183.

③ Glen Hvenegaard. Ecotourism versus tourism in Thai national Park[J]. Annals of Tourism Research, 1998, 25(3): 700-720.

④ Lisa Hornsten, Peter Fredman. On the distance to recreational forests in Sweden[J]. Landscape and Urban Planning, 2000, 51(1): 1-10.

育设施的发展、获得发展基金，发展教育与培训、规范体育赛事运作和运动参与九个方面对体育旅游进行比较深入的分析。

(2)开发体育旅游资源人文生态环境及社会的影响

丹尼尔斯以地理学中心地理论为基础，研究体育旅游对经济效益影响的时空差异，认为体育旅游具有特定条件的限制，他认为体育旅游一方面能够促进旅游目的地的经济发展的巨大作用，但他同时也看到，由于条件的限制，体育旅游并不是一个可以遍地开花的开发项目，因为并不是所有的区域都能成功举办体育赛事。此外，唐・拉斯纳特(T・Lasanta)等旅游学者亦立足滑雪旅游目的地之项目的开展情况比利牛斯山脉区域原住民、相关支柱产业、社会经济影响等诸多方面，进行了评估；Geneletti 利用 GIS 方法与生物学、物理学、景观等指标评估滑雪旅游目的地的环境影响问题。

(3)体育旅游管理与运作制度、手段、方法方面

美国人 Nicolle Cushiona，Kathleen Sullivan Sealey 等人经过对高尔夫度假俱乐部的考察，对体育旅游的管理实施手段进行过探讨，他们认为努力、资源、费用以及信息因素是应对传统管理方法失灵的重要措施和方式。Jordan A. Silberman 和 Peter W. Rees 从应用地理学的视角选择对滑雪度假区的选地进研究，认为市场投资、逐渐减少的滑雪目标人群管理等对体育旅游有很大影响。

(4)关于政府职能与体育旅游的运作模式方面

John Tuppen 通过对法国阿尔卑斯山度假区经营过程中出现的模式调整、遇到的问题以及采取的应对策略进行研究，认为政府的宏观干预是促进体育旅游非常必要的手段。Matthias Fuchs，Klaus Weiermair 等欧洲知名学者在对阿尔卑斯山度假区的服务规范进行参与观察研究后，得出了自己的结论：应采取适当的发展策略来促进巩固提升度假区体育旅游的成效。

上述国外学者从体育旅游的不同角度出发对体育旅游做了一些研究，内容比较丰富，方法比较系统。但是，我国有自己的历史人文特点，体育旅游应该结合并遵循国内的文化资源及其发展演变规律。国外的相关研究成果，只能给国内学者作为予某些研究方面上的借鉴。

第二节　国内乡村旅游研究综述

一、国内乡村旅游研究现状

我国乡村旅游起步于20 世纪 80 年代，发展于 90 年代中后期。1989 年 4 月，中国农民旅游协会第三次全国代表大会在河南郑州召开，会议将“中国农民旅游协会”正式更名为“中

国乡村旅游协会”。国家旅游局确定 1998 年我国旅游宣传主题为“华夏城乡游”并提出“吃农家饭，住农家院，做农家活，看农家景，享农家乐”的宣传口号。之后确定 2006 年旅游宣传主题为“中国乡村游”，制定了“新农村、新旅游、新体验、新风尚”的宣传口号；2007 年旅游宣传主题为“中国和谐城乡游”，制定了“魅力乡村、活力城市、和谐中国”的宣传口号，依托农村地区在旅游资源方面拥有的特殊优势，大力发展乡村旅游，实现“大旅游”与“大农业”的互相渗透融合，促进农业产业结构调整，培育农村经济新的增长点①。

乡村旅游是以乡村空间环境为依托，以乡村独特的生产形态、民俗风情、生活形式、乡村风光、乡村居所和乡村文化等为对象，利用城乡差异来规划设计和组合产品，即观光、游览、娱乐、休闲、度假和购物为一体的旅游形式②。随着近些年来社会主义新农村建设的推进以及城市化进程的发展，“三农”问题受到了国内专家学者的广泛关注。利用乡村特色资源，发展乡村旅游项目，推动农村经济快速发展，则是解决“三农”问题、促进乡村城镇化进程的有效途径之一。对乡村旅游的研究，专家从乡村旅游的概念、乡村旅游产生的原因、乡村旅游的特点、乡村旅游的开发模式和思路等方面进行了深入的分析和探讨。樊信友认为乡村旅游产品就是旅游经营者以乡村的自然和社会资源作为吸引物，向旅游者提供的用以满足其旅游活动需求的全部服务，是一种“ 复合式” 的旅游产品③；严春燕认为乡村旅游是以农业文化景观、农业生态环境、农事活动及传统的民俗为资源，融观赏、考察、学习、参与、娱乐、购物、度假为一体的旅游活动④。对乡村旅游的概念界定，学者们的论述虽然各有不同的侧重，但基本上是从三个方面对乡村旅游加以界定，即乡村旅游的参加者是城市居民；乡村旅游的目的地是乡野农村，乡村旅游的吸引物是乡村特有的田园风光和人文景观、农事活动、民俗与风土人情；乡村旅游的目的是为了回归自然，放松身心，了解乡村等。因此，我们认为广义的乡村旅游是以乡野地区为目的地，以乡村特有的自然和人文景观为吸引物，以城市居民为主要目标市场，通过满足旅游者休闲、求知和回归自然等方面的需求而获取经济和社会效益的一种旅游方式。狭义的乡村旅游是指在乡村地区，以具有乡村性的自然和人文客体为旅游吸引物的旅游活动。

乡村旅游的发展与经济的发展和国家政策的扶植息息相关，如张辉的《旅游经济论》、李天元的《中国旅游可持续发展研究》、李周的《旅游业对中国农村和农民的影响研究》等，他们深入地分析了乡村旅游与经济发展之间的关系，并针对我国乡村旅游过程中政府的作用进行了深入的探讨。此外，在乡村旅游分类方面，肖佑兴等按照旅游对象将其分为居所型、田园

---

① 张增．枣庄市山亭区乡村旅游发展模式研究[D]．山东师范大学，2011.
② 肖佑兴，明庆忠，李松志．论乡村旅游的概念和类型[J]．旅游科学，2001(3).8－10.
③ 樊信友．重庆乡村旅游产品开发的 S WOT 分析及对策研究[J]．安徽农业科学 2010，38(18)：9684－9686.
④ 严春燕．对我国乡村旅游发展状况的探析[J]．北京工商大学学报（社会科学版）.2010，25(4)：125－128.

型以及复合型，按照资源与市场之间的关系分为市场型、资源型和中间型；卢云亭根据农业产业结构将乡村旅游分为观光林业、观光副业、观光种植业、观光渔业、观光生态农业五种，黄郁成则将其分为现代农业旅游和古村落旅游两种。

关于乡村旅游的特点，众多学者也是各抒己见。如乌恩等人认为乡村旅游不但具有一些生态旅游活动共有的特点，而且它还具有许多自身的特色：乡村旅游的资源——乡村环境和乡村生活；乡村旅游活动要处处体现环境保护意识；资源价值和旅游产品具有层次性；传统文化、地方文化的自然原生性特点，同时乡村旅游也是一种环境教育和城乡交流形式①；邹统钎认为乡村旅游资源所具有的四大特点是：特（特殊环境和地方特色）、优（优质产品，优质栽培）、高（高科技含量，高附加值）、大（具有集约经营的规模）②。而张遵东认为，作为一种新兴产业，乡村旅游具有农业和旅游业的产业兼容性，田园风光和旅游景点的呼应性，生产功能和旅游功能的偶合性，生产活动和旅游活动的统一性，物质价值和文化价值的互补性③。综合前人的研究成果，乡村旅游具有四个特点：一是资源的广博性，特色的乡村自然风光，丰富多彩的乡村民俗风情，充满情趣的乡土文化艺术，风格迥异的乡村民居建筑，富有特色的乡村传统劳作，形态各异的农用器具，乡土气息浓郁的农事节气活动，生活感强烈的农产品现场加工、制作工艺等；二是很强的地域性，不同的地域有不同的自然条件、农事习俗和传统；三是产品的体验性和文化性，游客通过参与乡村生活的某一过程，来获得成就感、满足感、自豪感，游客们既能观赏到优美的田园风光，又能满足参与的欲望，最后还能购得自己劳动的成果，很好地融观光、操作、购物于一体；四是效益的综合性，发展乡村旅游繁荣农村经济、维护生态环境、有利文化交流、加强观念更新。因此，乡村旅游才会成为现代都市人的短期休闲的主要方式，才会成为农村经济新的增长点。

二、国内森林旅游研究现状

目前国内与森林旅游相关的著作，已出版的有10本左右，如吴章文、吴楚材和文首文编著的《森林旅游学》，陈焱、李春英和邹红菲《森林旅游导游概论》，马建章主编的《森林旅游学》等。而对南岳衡山森林旅游，目前国内尚无专门研究，但有许多对南岳旅游方面的研究，其研究的中心主要是南岳的历史文化旅游方面。目前，国内对森林旅游的研究多集中在以下方面：对森林旅游的概念、特点等基本理论问题进行研究。20世纪90年代，我国学者开始对森林旅游进行理论的研究。林业经济学家蒋敏元教授④（1990）对森林旅游的概念、特

① 乌恩，蔡运龙，金波．试论乡村旅游的目标、特色及产品[J]．北京林业大学学报，2002，24，（3）.78－82.

② 邹统钎．基于生态链的休闲农业发展模式——北京蟹岛度假村的旅游循环[J]．北京第二外国语学院学报，2005，125，（1）：64－69.

③ 张遵东．关于我国旅游农业发展的思考[J]．农村经济，2001，6：31－33.

④ 蒋敏元．森林资源经济学[M]．哈尔滨：东北林业大学出版社，1990.

点、形成和发展的条件、森林资源市场的供求关系以及森林旅游产品价格的确定进行了比较系统的研究，为国内森林旅游的全面、系统展开奠定了基础。而后，蒋敏元和沈雪林[①](1995)又从森林旅游经济学的视角，审视了与森林旅游相关的经济活动，首次提出了森林旅游的商品概念以及森林旅游需求和供给的关系。马建章[②](1998)较为系统的对森林旅游的基本理论进行了研究，通过介绍中国部分森林公园的建设与发展模式，还研究了森林旅游市场开发与促销等问题。吴章文、吴楚材和文首文[③](2008)对森林旅游的含义、森林旅游活动的类型、森林旅游者、森林旅游资源及保护、森林旅游业与效益评价、森林规划与市场、森林旅游区管理等问题进行了系统的论述，并且还结合许多案例对问题进行了实证的论证分析。

对森林旅游的效益或价值进行研究。肖和忠和张玉杰[④](2007)对森林旅游资源进行了概括分类，并认为森林旅游具有游乐、商业、文化、美学以及医疗等方面的价值。曲利娟与傅桦[⑤](2008)对森林旅游的概念、内涵进行了分析，还系统综述了近20年国内对森林旅游的经济效益、社会效益、生态效益和综合效益评价的研究成果，提出今后关于森林旅游效益评价的研究应建立科学的评价指标体系、确定合理的评价研究尺度以及科学界定评价标准。王岩和徐蕊[⑥](2009)对森林旅游的价值构成要素进行了深入研究，他们把森林旅游价值指标体系分成三个层次：目标层、准则层和要素层，共计12个指标，并且对这12个指标按照重要性进行了排序，他们还得出了“资源价值”是森林旅游价值构成主体的重要结论。

关于森林旅游对环境影响的研究。李威和何珊珊[⑦](2007)通过研究分析黑龙江森林旅游的发展状况，发现森林旅游业面临着一系列的问题，包括森林旅游资源的过度开发和盲目利用，旅游设施建设和旅游活动带来的环境问题，以及旅游者时空分布不均所导致的生态环境问题。王林琳和翟印礼[⑧](2008)认为，我国森林旅游发展初具规模，在获得良好经济效益的同时，森林旅游业带来了诸多生态问题和社会问题，如盲目开发导致资源损害、枯竭，旅游地环境污染、生态破坏，森林旅游的成本和利益分配不均等，消除这些负面影响必须走可持续发展的森林旅游道路。

---

① 蒋敏元，沈雪林．森林旅游经济学[M]．哈尔滨：东北林业大学出版社，1990.

② 马建章．森林旅游学[M]．哈尔滨：东北林业大学出版社，1998.

③ 吴章文，吴楚才，文首文．森林旅游学[M]．北京：中国旅游出版社，2008.

④ 肖和忠，张玉杰．关于森林旅游资源及其发展取向问题的探讨[J]．北京农业职业学院学报，2007，21(1)：21－25.

⑤ 曲利娟，傅桦．我国森林旅游效益评价研究[J]．首都师范大学学报(自然科学版)，2008，(4)：89－93.

⑥ 王岩，徐蕊．森林旅游价值构成要素研究[J]．林业科技，2009，34(1)：68－70.

⑦ 李威，何珊珊．发展森林生态旅游的几点思考[J]．林业勘查设计，2007，(1)：24－25.

⑧ 王林琳，翟印礼．我国森林生态旅游存在问题与发展对策[J]．西南林学院学报，2008，28(4)：146－148.

对森林旅游可持续发展问题的研究。陈晔、杨云仙和徐爱源[①]（2007）在对天井山国家森林公园的基本条件、资源优势进行全面分析之后，提出了通过标准化企业管理和编制科学生态旅游规划的生态旅游可持续发展之路。杨财根和郭剑英[②]（2007）从企业文化管理的角度，提出从实施企业成本战略、歧异战略等文化管理战略，整合及创新各景区企业文化特质等方面，确保森林旅游的可持续发展。姚国明[③]（2007）基于森林资源的保护和利用理论，提出最大限度发挥森林生态效益，依靠行政、法律、技术等切实可行的保证体系来实现森林游憩资源的可持续开发。薛惠锋和张晓陶[④]（2009）注意到我国森林旅游大多停留在初级阶段，忽视了旅游对环境和资源的破坏性影响，存在对森林资源认识不足、开发不合理、体制不健全、保护不到位等问题，提出我国森林旅游的发展应以科学发展观为总揽，做好规划，确保可持续发展。

对森林旅游及产品、市场的开发管理的研究。罗活兴[⑤]（2007）以广东西樵山国家森林公园作为分析个案，指出发展森林旅游须把生态效益放在首位，在开发和管理森林旅游过程中，应加强基础设施的建设，重视森林旅游产品营销策略的不断创新。桑景拴[⑥]（2007）提出了森林旅游资源开发要把握永续性、保护性、天然性、民俗性、协调性和统一性的原则，并且在开发过程中应采取科学规划、培养人才、健全法制、理顺体制以及重视科教等几项措施。董成森、熊鹰和覃鑫浩[⑦]（2008）用总量模型、流量—流速模型和综合模型的方法分别对张家界国家森林公园核心景区旅游资源的瞬时空间容量、日空间容量和季节空间容量进行了研究测算，并据此确定景区旅游资源的空间承载能力，从而达到对游客管理与旅游资源开发利用的有效调控。同年，董成森、熊鹰与邹冬生[⑧]运用 Butler 的旅游地生命周期理论分析了武陵源景区生命周期的特征，并用模型对景区市场发展趋势进行了预测，最后还提出了延长武陵源分景区生命周期的发展策略。

从上述国内关于森林旅游的研究文献来看，国内对森林旅游可持续开发问题的研究成果是比较少的。许多谈及可持续发展的文献是从旅游业整体发展的角度出来，很少专门论及森林旅游的可持续开发。而对森林旅游产品和市场开发、管理的文献，关注的重心往往也集中

---

① 陈晔，杨云仙，徐爱源．天花井国家森林公园生态旅游可持续发展研究[J]．九江学院学报，2007，（3）：93－95.

② 杨财根，郭剑英．森林旅游景区战略管理研究——基于企业文化管理的视角[J]．桂林旅游高等专科学校学报，2007，28(5)：751－754.

③ 姚国明．生态林业与森林游憩可持续发展的协调研究[J]．河南林业科技，2007，27(6)：42－45.

④ 薛惠锋，张晓陶．探索森林生态旅游的可持续发展[J]．环境经济，2009，（9）：51－53.

⑤ 罗活兴．森林旅游开发管理策略—以广东西樵山国家森林公园为例[J]．中国城市林业，2007，5(3)：51－53.

⑥ 桑景拴．我国森林旅游资源开发利用刍议[J]．林业建设，2007，（1）：28－31.

⑦ 董成森，熊鹰，覃鑫浩．张家界国家森林公园旅游资源空间承载力[J]．系统工程，2008，26(10)：90－94.

⑧ 董成森，熊鹰，邹冬生．森林型生态旅游地生命周期分析与预测[J]．生态学杂志，2008，27(9)：1476－1481.

在技术层面。这种研究现状为本文开展森林旅游可持续开发策略提供了研究契机。

三、国内体育旅游研究现状

在我国，20 世纪末，诸多学者、旅游界人士就有对体育旅游进行研究。最具代表性的是 1990 年中国科学院地理研究所发布的“中国旅游资源普查分类表”，在该研究中研究者将国内目前的旅游资源按照属性分为 8 个大的类型，其中体育胜地游和游乐类归划在第 7 大类里；而《中国旅游资源普查规范》(1992 年)，又在此基础上将旅游资源分为 6 类，在此分类中，休闲运动场所、体育运动场所、健身活动等与体育有关的归划在第 5 类里。

近年，体育界兴起了关于体育旅游方面的研究，特别是受 2008 年北京奥运会的影响，部分学者对体育旅游概念及相关问题从不同侧重面进行了探讨性研究。这些研究在概念层面的居多，而从实际运作层面的研究很少涉及。比如，这些研究对广义的体育旅游，比较认同的说法是：旅游所包含的是能够促进体质强健、磨砺意志、增进友谊、促进交流等与旅游目的地相关的社会关系总和。对广义的体育旅游，比较认同的说法是：各式各样符合目的地开展的特色体育活动以及使用的体育器械，为满足各种旅游者的爱好需要，通过挑战自我，达到身心和悦，物质和精神文明协调发展的一种活动(注：许多相关文献采用与此基本相像的定义)。21 世纪初，我国从国家层面把体育旅游提上国民素质锻炼日程，并将 2001 年确立为“中国体育健身游”年，着力推出了以健身游为内容的旅游产品和线路，总共涉及 11 大类 80 个小项目，真可谓是大手笔。其中，又有 60 个项目是根据我国各地的实际情况挖掘出来的，独具浓厚的地方性文化特点。

综上所述，国内体育旅游研究的焦点还局限在概念的界定上，而开发、规划与管理类研究带有很强的政府导向性，研究成果还局限在旅游的表层，处在体育旅游范围的小众研究区，未能满足当前人们健身强体、休闲娱乐的需要。体育旅游正处在升级、转型期，面临重大的发展的机遇，需要我们不断研究新问题，提出新思路，以寻求其快速健康发展的途径。

第三章　美丽中国与乡村旅游

第一节　美丽中国内涵研究

中国共产党第十八次全国代表大会(简称中共十八大)后，“美丽中国”成为社会广泛关注的热词，也成为人们热议的十八大亮点之一，报告指出：“建设生态文明，是关系人民福祉、关乎民族未来的长远大计。……必须树立尊重自然、顺应自然、保护自然的生态文明理念，把生态文明建设放在突出地位，融入经济建设、政治建设、文化建设、社会建设各方面和全过程，努力建设美丽中国，实现中华民族永续发展。”

习近平总书记在中国共产党第十九次全国代表大会(简称中共十九大)报告中指出，要“形成绿色发展方式和生活方式，坚定走生产发展、生活富裕、生态良好的文明发展道路，建设美丽中国，为人民创造良好生产生活环境”，强调“要牢固树立社会主义生态文明观，推动形成人与自然和谐发展现代化建设新格局”。中共十九大首次把美丽中国建设作为新时代中国特色社会主义强国建设的重要目标，既以强烈的问题意识揭示了中国生态环境保护任重道远的形势，又满怀信心地描绘了美丽中国建设的宏伟蓝图，提出从 2020 年到 2035 年，“基本实现社会主义现代化”，其中，“生态环境根本好转，美丽中国目标基本实现”；从 2035 年到 21 世纪中叶，“把我国建成富强民主文明和谐美丽的社会主义现代化强国”。“美丽中国”是一个美学表述，我们有必要对“美丽中国”进行深刻理解和准确把握。

一、美丽中国的时代背景

(一)党的十八大提出的“美丽中国”，是实现中国人民对美丽生活环境以及美好生活等的追求和向往

从人与自然的关系来看，人类社会先后经历了四个阶段的文明形态。第一阶段：以石器为代表的原始文明阶段(历时上百万年)，社会生产力水平低下，在与自然的关系中处于依附状态，物质生产活动主要依靠简单的采集渔猎。第二阶段：以铁器为代表的农业文明阶段(历时约一万年)，人类改变自然的能力有了质的提高，在与自然的关系中处于低水平的平衡状态，种植业较为发达。第三阶段：以工业机器为代表的工业文明阶段(历时约 300 年)，蒸汽机和工业革命开启了人类现代生活，在不到人类社会历史万分之一的时间里，人类创造了比过去一切时代总和还要多的物质财富，在与自然的关系中处于支配地

位。但是，人类为此也付出了沉重的代价。从20世纪60年代起，以全球气候变暖、土地沙漠化、森林退化、耕地减少、资源枯竭、生物多样性锐减等为特征的生态危机日益突出，人类自身的生存受到严重威胁，不得不反思自身行为，努力探寻新的发展方式。20世纪80年代以来，人类社会开始转向第四个文明阶段——生态文明阶段，即在新的生产力条件下实现人与自然的新的平衡状态。

（二）"美丽中国"彰显了中国文化的思想精髓和中华民族对美好生活的追求向往

习近平总书记指出，"在漫长的历史进程中，中国人民依靠自己的勤劳、勇敢、智慧，开创了各民族和睦共处的美好家园，培育了历久弥新的优秀文化"。强调人与自然的和谐是中国传统文化的精髓。中国已经由一个物质匮乏、贫穷落后的欠发达国家崛起成为经济总量居世界第二位的东方大国，社会生产力、经济实力、科技实力显著增强，人民生活水平、居民收入水平、社会保障水平大幅提高，综合国力、国际竞争力、国际影响力明显提升，国家面貌发生了根本性变化，为建设美丽中国提供了良好的基础和条件。一是作为"美丽中国"最显著特征的生态文明已经被列为中国特色社会主义的总体布局之中。中共十七大首次把建设生态文明写入中共党代会报告，作为全面建设小康社会的新要求之一；中共十八大更是将其列入中国特色社会主义事业"五位一体"总体战略布局之中，并且用专章进行论述，对如何建设生态文明进行了战略布局。二是经济总量的持续增长及其增长方式转型为"美丽中国"建设奠定了坚实的物质基础。虽然中国在经济建设方面取得了举世瞩目的伟大成就，但是，中国共产党清醒地看到，这种高投入、高消耗、高污染、低效益的增长方式难以为继。作为世界上人口最多的发展中国家，中国的人均资源占有量大大低于世界人均水平，但中国的单位产值能耗量却居世界前列。

（三）自觉维护自然界的稳定、和谐与美丽，努力促进自然生产力的恢复，使自然界得到持续发展

人与自然是生命共同体。马克思指出："人本身是自然界的产物，是在自己所处的环境中并且和这个环境一起发展起来的。"经过改革开放40年的不懈奋斗，中国特色社会主义进入新时代，我国社会主要矛盾已经转化为人民日益增长的美好生活需要和不平衡不充分的发展之间的矛盾。为了提升工业化水平、加速经济发展，我国采取了比较粗放的发展方式，资源消耗速度过快，导致一些地方耕地面积、森林面积减少，环境污染日趋严重，水污染、大气污染、土壤污染威胁人民群众的健康，成为全面建成小康社会的明显短板，成为民生之患、民心之痛。建设美丽中国就是要按照生态文明要求，通过建设资源节约型、环境友好型社会，实现人与自然、环境与社会、人与社会和谐共荣。其实质就是实现人与自然和谐共生。人与自然和谐共生包括两个方面：一方面，人类要提高发展的质量和

资源的利用效率，将对自然的开发、利用和改造限定在自然容许的范围内，使之为人类提供持久的物质资料，持续提高人类生活水平；另—方面，人类要平等地对待自然界，自觉维护自然界的稳定、和谐与美丽，努力促进自然生产力的恢复，使自然界得到持续发展。

树立和践行尊重自然、顺应自然、保护自然的生态文明理念人与自然是生命共同体，决定了人与自然是一荣俱荣、一损俱损的共生关系。一是要以解决损害群众健康突出环境问题为重点，坚持预防为主、综合治理，强化水、大气、土壤等污染防治，着力推进重点流域和区域水污染防治，着力推进颗粒物污染防治，着力推进重金属污染和土壤污染综合治理，集中力量优先解决好细颗粒物、饮用水、土壤、重金属、化学品等损害群众健康的突出问题，切实改善环境质。二是实施山水林田湖草生态保护和修复工程，构建生态廊道和生物多样性保护网络，全面提升森林、河湖、湿地、草原、海洋等自然生态系统的稳定性和生态服务功能，形成绿色发展方式。

二、“美丽中国”的科学内涵

习近平总书记在中共十八届一中全会后的记者见面会上指出：“我们的人民热爱生活，期盼有更好的教育、更稳定的工作、更满意的收入、更可靠的社会保障、更高水平的医疗卫生服务、更舒适的居住条件、更美的环境，期盼着孩子们能成长得更好、工作得更好、生活得更好。”进一步对“美丽中国”“美好生活”进行了全面阐释。“美丽中国”要求对现有文明进行整合与重塑，以使社会主义物质文明、精神文明、政治文明以及社会建设都发生与生态文明建设内在要求相一致的生态化转向。这在为中国人民创造出美好生活条件和环境的同时，必将引领中国走向更高层次的文明。

(一)我们曾经失去的美丽

古希腊哲学家赫拉克利特曾说：“如果没有健康，知识无法利用，文化无从施展，智慧不能表现，力量不能战斗，财富变成废物。”世界卫生组织研究指出：如果一个人的健康指数是 100%，那么健康的影响因素中，遗传因素占 15%，社会因素占 10%，医疗条件占 8%，环境因素占 7%，而个人生活方式高达 60%。

恩格斯曾告诫人类：“不要过分陶醉于我们对自然界的胜利。对于每一次这样的胜利，自然界都报复了我们。”工业革命以来，科学技术迅猛发展给人类带来巨大的物质性成就，但是由于人类片面地把自然当作征服的对象，先进的科学技术既给人类带来丰厚的物质资源，也给生活带来了便捷的交通与快捷的信息技术服务，同时也埋下了人类生存和发展的潜在威胁。

当前人类的生存环境问题成为世界性的问题。科技的快速发展，在“人类中心主义”的实践中，人类消耗了大量的环境资源，加剧了资源短缺的压力，破坏了生态、破坏了环境，特别是城市迅速的发展超出社会资源的承受力，导致各种“城市病”的出现。以首先步入工业化进程的西方国家为例，他们最早享受到工业化带来的繁荣，同时也最早面临到工业化带来的环境问题。

狄特富尔特在《人与自然》一书的序言中更是严肃地告诫：“几百年来，人类对大自然一直存在着一种最为放肆的以人类为中心的傲慢态度，如果我们不立即停止人类随意判断而进行的任性改造地球的活动，则在即将到来的灾难中，人类将首当其冲。由于生命层失去自然保护，人类最终也将陷入业已开始的大量死亡漩涡”。

在人类历史发展的初期，地球上 1/2 以上的陆地披着绿装，森林总面积达 76 亿公顷；1 万年前，森林面积减少到 62 亿公顷，还占陆地面积的 42%；19 世纪减少到 55 亿公顷，无论在欧洲、美洲还是亚洲、非洲，依然到处都能见到森林；可是进入 20 世纪以后，毁林的情况日趋严重，至今全球只存 40 多亿公顷森林，而且正以每分钟 38 公顷的速度在消失！我国西北广大地区 4000 年前也覆盖着茂密的森林，如今林海湮灭，植被破坏，好多地方已经沦为千沟万壑、童山濯濯的旱原。

塔里木河下游沙漠化。塔里木河全长 1321 千米，是中国第一、世界第二大内陆河。据《西域水道记》记载，20 世纪 20 年代前，塔里木河下游河水丰盈，碧波荡漾，岸边胡杨丛生，林木茁壮。胡杨，维吾尔语称作“托克拉克”，意为“最美丽的树”。胡杨林是牲畜天然的庇护所和栖息地，马、鹿、野骆驼、鹅喉羚、鹭鸶等百余种野生动物在林中繁衍生息，林中还伴着甘草、骆驼刺等多种沙生植物，它们共同组成了一个特殊生态体系，营造了一个个绿洲。

如此重要的胡杨林因塔里木河下游的干涸而大面积死亡。1958 年，塔里木河流域有胡杨林 780 万亩①，现在已减少到 420 万亩。伴随着胡杨林的锐减，塔里小河流域土地 沙漠化面积从 66% 上下到 84%。“沙进人退”在塔里木河下游变成现实，至罗布庄一带的库鲁克库姆与世界第二大沙漠塔克拉玛干沙漠合拢，从中穿过的 218 国道已有 197 处被沙漠掩埋。

消失的青土湖。青土湖是甘肃省民勤县境内的湖泊，原名潴野泽、百亭海。它是《尚书·禹贡》记载的 11 个大湖之一，是一个面积至少在 1.6 万平方千米，最大水深超过 60 米的巨大淡水湖泊。民国时改名为青土湖，水域面积仅次于青海湖，解放初的青土湖也有 100 多平方千米的水域面积。导致青土湖消亡的最主要原因是红崖山水库的修建，使青土湖的补水遭到了毁灭性的破坏，也破坏了当地的地下水系，导致了这一地区的沙漠化。

停留在美好记忆中的楼兰古国。楼兰古国在公元前 176 年前建国，公元 630 年却突然

① 1 亩≈666.7 平方米。

神秘消失，共有800多年的历史。是古丝绸之路上的一个小国，位于罗布泊西部，处于西域的枢纽位置。在古代丝绸之路上占有极为重要的地位。楼兰古城正建立在当时水系发达的孔雀河下游三角洲，这里曾有长势繁茂的胡杨树供其取材建设。当年楼兰人在罗布泊边筑造了10多万平方米的楼兰古城，他们砍伐掉许多树木和芦苇，对环境产生负作用，楼兰衰败于干旱、缺水，生态恶化。

（二）物质层面的小康社会

小康社会自古以来就是人民孜孜以求的美好理想。《诗经》中，用“小康”这个词来表示安乐的生活状态。《礼记》中则将小康社会定义为“今大道既隐，天下为家。各亲其亲，各子其子，货力为己。大人世及以为礼，城郭沟池以为固。礼义以为纪，以正君臣，以笃父子，以睦兄弟，以和夫妇，以设制度，以立田里，以贤勇知，以功为己……”

十七大在十六大确立的全面建设小康社会目标的基础上对我国发展提出新的更高要求：实现人均国内生产总值到2020年比2000年翻两番。十八大实现国内生产总值和城乡居民人均收入比2010年翻一番。十九大报告明确年我国的总任务是实现社会主义现代化和中华民族伟大复兴，在全面建成小康社会的基础上，分两步走，在21世纪中叶建成富强民主文明和谐美丽的社会主义现代化强国。

可以说，在之前，我们考虑的都是物质层面的小康。人类要具备抵抗各种病毒、细菌的防疫能力，创造健康的体魄，最重要是增强自身自然免疫力及对各种疾病的自然治愈力。良好生态环境是最公平的公共产品和最普惠的民生福祉。生态美不美，要看绿和水。

工业大量废气排放造成地球大气层的破坏，全球气候变暖，温室效应，冰川融化，海平面升高，各种自然灾害加剧；有害物质过量排放，使空气、土壤、水源污染。随着我国国民生活水平的逐步提高，以及“亚健康”状态在都市中日渐普遍。营养过剩造成各种代谢紊乱，体内毒素排泄受阻，诱发心脑血管疾病。现代病的症状名目繁多，正吞噬着人们的健康，使人们处于亚健康状态。然而现代医学又往往对其束手无策。

（三）全面小康社会

当前，我国进入了新时代，主要矛盾发生了转变。从经济特征来看，一般经历贫困、温饱、小康和富裕等发展阶段。在全面建成小康社会以后，我国将迈向中高收入的富裕社会。由于生态环境质量直接影响到人们的身心健康，因此生态文明建设成为这一阶段现代化建设的重要领域。

习近平总书记在十九大报告中明确指出社会主义现代化强国的内涵是“我国物质文明、政治文明、精神文明、社会文明、生态文明将全面提升”。富强民主文明和谐美丽分别主要从物质文明、政治文明、精神文明、社会文明、生态文明整体进步的高度，彰显以人民为中心的发展思想，推动人的自由而全面发展。全面建成小康社会的出发点和落脚点就是要让老百姓过上好日子。我们即将建成的全面小康社会，是政治、经济、社会、文化、生态五位一体全面发展的美好社会；是“富强、民主、文明、和谐”的美丽中国；是“自由、平等、公正、法治”的正义中国；是“创新、协调、绿色、开放、共享”的进步中国。物质文明是根本，政治文明是保障，精神文明是灵魂，社会文明是条件，生态文明是基础。

十九大报告深刻指出：“人与自然是生命共同体，人类必须尊重自然、顺应自然、保护自然。”美丽中国建设需要一场从认知到思想观念、从社会心理到文化价值观的生态文化变革。生态危机并不是生态自身的危机，而是文化的危机和人自身的世界观、人生观、价值观、利益观、伦理观的危机。

（四）“美丽中国”的含义

“美丽中国”是中国共产党第十八次全国代表大会提出的概念，强调把生态文明建设放在突出地位，融入经济建设、政治建设、文化建设、社会建设各方面和全过程。2012 年 11 月 8 日，在十八大报告中首次作为执政理念出现。2015 年 10 月召开的十八届五中全会上，“美丽中国”被纳入“十三五”规划（中华人民共和国国民经济和社会发展第十三个五年规划纲要），首次被纳入五年计划，2017 年 10 月 18 日，习近平总书记在十九大报告中指出，加快生态文明体制改革，建设美丽中国。

美丽中国，体现着自然美、生态美、环境美，是生态文明建设的目标和高标。大自然是人类生存的依托，是人类永远的家园。千万年来，人类历经了从自然的奴隶到自然的主人，从畏惧自然到人定胜天，从无视自然到敬畏自然，人与自然的关系几经位移。

自然美，是人类对自然感恩、发现、崇敬的原生、本能的情感和判断。欣赏自然，赞美自然，爱护自然，保护自然，是人类永续发展的情感基石和实践基础。

环境美，“美丽中国”首先应该美在祖国的大好河山，美在我们生于斯长于斯的高山、湖泊、海洋、河流、森林、草原、平原、高原、丘陵、沼泽、花鸟鱼虫、飞禽走兽、动物植物、日月星辰、风雨雷电、冰霜雨雪等。

生态美，在自然、生态、环境中，生产空间集约高效、生活空间宜居适度、生态空间山清水秀，给自然留下更多修复空间，给农业留下更多良田，给子孙后代留下天蓝、地绿、水净的美好家园，这才是美丽中国。

生活美，美在人格的升华、生态的净化、产业的协调。习近平总书记在十八大闭幕后同中外记者见面时说：“在漫长的历史进程中，中国人民依靠自己的勤劳、勇敢、智慧，开创了各民族和睦相处的美好家园”“我们的人民热爱生活”“人民对美好生活的向往，就是我们奋斗的目标”。

根据生态、经济、政治、文化及社会建设“五位一体”的总体布局，充分体现生态文明建设的突出地位，充分体现“美好生活”的基本要求。2012 年 12 月 2 日，四川大学推出了《“美丽中国”省区建设水平（2012）研究报告》，报告中对中国各个省区（不包括港澳台地区）的“美丽指数”进行了排行。

“美丽中国”总的综合排名前十的省区依次为北京市、浙江省、四川省、江苏省、福建省、江西省、云南省、山西省、陕西省、湖南省。

生态指标排名前十的地区依次为西藏自治区、四川省、福建省、江西省、湖南省、浙江省、贵州省、云南省、重庆市、安徽省。

2012 年 6 月 11 日，中国中央电视台和英国广播公司第一次联合摄制的作品《美丽中国》在中央电视台记录频道播出，该片拍摄了中国 56 多个国家级野生动植物和风景保护区、86 种中国珍奇野生动植物和 30 多个民族生活故事，分为《锦绣华南》《云翔天边》《神奇高原》《风雪塞外》《沃土中原》《潮涌海岸》六集，引发人们对人与大自然的重视、审视与深刻反思。同时，作为普通观众，人们在欣赏自然类纪录片时，不能简单停留在一种表象的震撼上，应当怀有一种思维品格，站在一个更高的角度上来欣赏和思考自然类纪录片所展现的美丽的、震撼的视觉语言。

三、美丽中国与城乡区域协调发展

城乡一体化的思想早在 20 世纪就已经产生了。我国在改革开放后，特别是在 20 世纪 80 年代末期，城乡一体化由于历史上形成的城乡之间隔离发展，各种经济社会矛盾出现，城乡一体化思想逐渐受到重视。

十九大报告指出，要坚持农业农村优先发展，按照产业兴旺、生态宜居、乡风文明、治理有效、生活富裕的总要求，建立健全城乡融合发展体制机制和政策体系，加快推进农业农村现代化。到 2020 年全面建成小康社会是“两个一百年”奋斗目标的第一个百年奋斗目标。现在已经是 2020 年，各方面建设任务十分繁重。其中，解决好“三农”问题是实现全面建成小康社会目标的重点和难点。抓住这个重点、难点，应该从补齐农村这个短板做起。

（一）中国农村发展问题

（1）人口快速城市化

改革开放 30 多年来，我国城镇化进程不断加快，城镇化水平不断提高。据统计，1978—2012 年城市化率从 17.92% 增加到 52.57%，城市化率年均增长 1%；与此同时，农村人口比重由 82.08% 减少到 47.43%。目前我国农村留守人口近9000万人，其中留守儿童约 2300 万人，留守老人约 1800 万人，留守妇女约 4700 万人。农村从业人员平均年龄为 50 岁。

(2)土地高速非农化

目前我国失地农民总数达4000万~5000万人，且每年新增300多万人，预计到2030年失地农民将增至1.1亿人。随之而来的就业难、补偿低、社保不健全等成为重要的发展问题。

(3)农村快速空心化

所谓农村空心化是指城乡转型发展进程中农村人口非农化引起“人走屋空”。据中科院地理资源所测算，全国空心村综合整治潜力达0.076亿公顷，村庄空废化仍呈加剧态势。农村空心化已影响到我国新农村和美丽乡村建设，制约了农村可持续发展。

(4)城乡收入扩大化

据国家统计数据显示，1980—2012年我国城市居民可支配收入和农村居民人均纯收入分别从439元、191元增长到24 565元和7917元，30多年间分别增长了56倍和41倍。城乡人均收入差距逐渐扩大，由1980年的2.56:1扩大到3.10:1。

我国城市建设用地的快速扩张，不仅导致人口膨胀、交通拥堵、环境恶化等为人熟知的“城市病”，也引发了村庄“废弃化”“空心化”等严重的“乡村病”。中国的“乡村病”。大城市近郊的一些农村成为藏污纳垢之地，面源污染严重，致使河流与农田污染事件频发，一些地方“癌症村”涌现，已经危及百姓健康甚至生命。快速城镇化和工业化进程中，随着社会经济的转型、区域要素重组与产业重构，特别是乡村要素非农化带来的资源损耗、环境污染、人居环境质量恶化等问题日益凸显。农村人居环境质量普遍较差，垃圾、污水处理问题亟待解决。

当然，我们国家已经认识到协调发展的重要性，习近平总书记说，即使将来城镇化达到70%以上，还有四五亿人在农村。农村绝不能成为荒芜的农村、留守的农村、记忆中的故园。城镇化要发展，农业现代化和新农村建设也要发展，同步发展才能相得益彰，要推进城乡一体化发展。乡村的面貌正在逐步改变，并出现了很多成功的范例。

(二)建设绿富美的美丽乡村

中华文化是农耕文化，在这个广阔富饶的农村土地上，孕育了太多的故事、风俗、文化和传统。乡村振兴战略是习近平总书记2017年10月18日在党的十九大报告中提出的战略。农业农村农民问题是关系国计民生的根本性问题，必须始终把解决好“三农”问题作为全党工作重中之重，实施乡村振兴战略。

2017年12月29日，中央农村工作会议首次提出走中国特色社会主义乡村振兴道路，让农业成为有奔头的产业，让农民成为有吸引力的职业，让农村成为安居乐业的美丽家园。2018年2月4日，公布了2018年中央一号文件，即《中共中央国务院关于实施乡村振兴战略的意见》。2018年3月5日，国务院总理李克强在作政府工作报告时说，大力实施乡村振兴战略。

国家提出乡村振兴战略，是因为人民的生活需求发生了变化。中国现在城市人口的一半是过去30年从农村来到城市的，乡村旅游不仅是城里人释放压力休养生息亲近自然的形式，也是人们寻根及消解乡愁的途径。从1985年到现在，30年间我们共经历了三次大的消费革命。第一次是1985—1999年，以满足人们衣食用的需要为主题，彩电冰箱洗衣机是热点；第二次是2000—2014年，主要是满足住行的需要；第三次发生在2015年后，我们进入新的消费革命时期，是全新的消费升级，主要满足的是人们的精神和品质需要，如旅游、健康、智能是这个时期的消费热点。2016年是中国乡村旅游发展的非常具有里程碑意义的一年，是中国"大乡村旅游时代"的元年。中国乡村旅游从过去的小旅游、中旅游进入到了大旅游时代。乡村旅游人次达13.6亿人次，平均全国每人一次，是增长最快的领域，乡村旅游收入达4000亿元以上；乡村旅游投资为3000亿元，乡村旅游事业体超过200万家，乡村旅游不再是简单的"农村旅游"和"农业旅游"，而是成为与城市相对应的一个空间概念，逐渐形成一个新的大产业，有望发展成为万亿级企业。

第二节　城镇化及乡村旅游的生态质量分析

一、城镇化与乡村旅游

（一）城镇化的概念

城镇化（Urbanization/Urbanisation）也称为城市化，是指农村人口转化为城镇人口，人口向城镇集中的过程。一个国家或地区随着社会生产力的不断发展、科学技术的不断进步，以及产业结构的不断调整，社会生态有了大的发展，其社会生产形式由以农业为主的传统乡村型社会向以第二产业（工业）和第三产业（服务业）等非农产业为主的现代城市型社会逐渐转变的历史过程。

城镇化是世界各国工业化进程中必然经历的历史阶段。由于社会的变化，包括经济、环境、技术、生产能力等变化，通常会让工作人口的职业发生改变，出现新兴产业；特别是由于技术的提高，产业结构及产业形式会发生转变，如传统落后的产能需要逐渐被现代先进的产能替代，新兴行业的兴起，会让很多劳动人口的工作性质发生改变，对原有的空间地域等概念发生改变；不同的学科对城镇化的解释会从不同的角度进行解读，现在对城镇化的主流解释包括了人口学、经济学、社会学、地理学等内涵。我国在2015年发表的社会蓝皮书中显示，我国城镇人口已经达到7.7亿，常住城镇人口还在以每年2千万的速度增加，城镇化率达到了56.1%，城镇人口超过一百万的城市超过140个①，说明我国城镇化水平随着经济的发展在不断提高。

(二)城镇化发展带来的乡村旅游的环境问题

随着城镇化发展的落实和深入，经济发展是必然的，城镇化发展推动很多行业的发展，同时也促进这些行业转型升级，如建筑行业的发展，会推动建筑材料的快速发展，包括钢铁行业、内外装饰材料、化工行业等许多相关行业的发展；同时也会推动建筑设计、环境规划、生态建设等众多行业的相应发展与进步②。

但城镇化发展也带来了诸多问题，其中，环境问题尤其突出。人类作为城市活动的主体，消耗了的各种资源来源广，种类多，数量巨大，产生大量废物，关键生态系统处于危险境地。

第一，大气环境质量下降。以近几年为例，全国主要城市空气质量较低城镇化年代明显变得恶劣，城市大气污染令人忧虑。在2015年11月全国重点城市空气质量排名的382个城市中，占优的只有50个城市，占良的144个，轻度污染到重度污染再到严重污染的城市有188个。从国家公布的天气质量指标来看，大城市的空气污染程度明显高于中小城市，污染的主要原因是二氧化硫，二氧化氮，PM10等。

第二，水污染严重。我国河川总长度大约42万千米，水资源总量不到3000亿立方米，人均不到2300立方米，仅仅只占世界人均总量的25%，面临水污染威胁的城市超过300个③。生活污水，工业污水，其他各种废水，成为江河湖泊的污水来源，由于人口在城市集中，用水量大，许多城市不但江河湖泊的水受到污染，而且地下水也受到严重破坏或污染。据水利部的资料显示，我国水污染当中，生活污水的污染超过工业污水的污染程度。2014年，我国七大河流(长江、黄河、松花江、海河、珠江、淮河、辽河)及浙江、福建片河流，西北、西南地区的河流的监控断面中，一类水断面只占2.8%，二类水占36.9%，三类水占31.5%，其余各类污染严重的水点28.8%。这就使得本来缺水的情况更加严重。

第三，城市交通变得更加阻塞。由于我国大力发展汽车产业，人们生活水平又在不断提升过程中，汽车的拥有量一年比一年加大，根据中国统计摘要④的统计数据，我国1978年载客汽车约25万辆，私人汽车为0，到2013年，载客汽车约8943万辆，私人汽车包括

---

① 中国社会科学院，2013城市蓝皮书[J]. 城市规划通讯，2013(15)：12.

② 胡铂，我国中小城市政府环保职能研究[D]. 首都经济贸易大学，2013，16-19.

③ 北京智博睿投资咨询有限公司. 2015—2020年中国环保设备行业市场形势分析及投资策略预测报告[R]. 智研咨询集团，2015：16-20.

④ 国家统计局. 中国统计摘要[M]. 中国统计出版社，2015，90-103.

载客、载货超过8838万辆，据中国新闻网报道，2014年中国汽车保有量净增1707万辆，机动车驾驶人突破3亿人，其中汽车驾驶人超过2.46亿人。汽车数量的快速增加，除了使得城市道路更加繁忙外，机车产生的尾气造成对环境的污染不可忽视，特别在城市区域，由于空间小，车辆多，产生的污染堆积在一起，使得污染的效果更加明显。2015年12月8日，北京市空气严重污染，PM2.5浓度峰值接近1000微克/立方米，应急办启动空气污染红色预警，在随后采取的治理措施中就包括禁止黄标车通行、小车分单双号出行等，可见汽车拥有量不断加大，对环境污染造成了非常严重的影响。虽然粉尘污染除了汽车尾气排放带来的污染外，还有其他污染源，主要是工业化污染源及沙漠化等其他污染源。但城镇化带来的空气污染无疑是其中一个重要污染源。

第四，噪声污染。城市噪声来自多方面，首先是交通噪声，拥挤的交通不但带来空气污染，还带来了噪声污染，是噪声的第一根源。法国持续发展部国务部长萨伊菲认为，汽车会对环保造成危害，除了污染空气外，噪音污染也是汽车对环境破坏的一个重要内容，他同时呼吁人们对汽车的噪音污染加以关注。法国国家经济统计局对5万居民以上的城镇进行调研，发现有一半以上的人认为即使在家中，也受到噪音污染，而这些噪音污染的来源有80%来自汽车。可见，汽车噪音对人们的影响有多严重。当然，现代城市能带来较大噪声的还有铁路，包括地铁，高铁等交通工具以及其他噪音源。

城镇化噪声的另一来源是工业生产噪声[①]，部分加工企业噪声巨大，对环境危害明显，比如，压力加工机械，锻压工厂，其噪声和振动对环境影响明显。

建筑噪声也是一大影响因素，由于许多城镇处于快速发展过程中，不同类型的建筑在加紧进行中，其制造的噪声不可忽略，据统计，建筑工地的噪声，有时可能超过80分贝[②]，达到100分贝以上，对人们的危害性相当大，特别是对建筑工地附近的人影响尤其突出。

再次是生活噪声。由于人们居住集中，生活集中，活动也相对集中，大量的生活噪声也是污染环境的一个原因。生活噪声在居民的周围环境无处不在，特别是在人口集中的场地，其噪声水平相当高，对人体影响不可忽视，生活噪声包括人们在公共场所的交流声，在家时家电带来的噪声，在其他环境中的各种噪声。这些噪声往往影响面广泛，噪声级别较高，在50分贝以上，因此，生活噪声也是重要的噪声源。

最后是自然噪声，包括各种自然现象产生的噪声，如地震、下雨、刮风、打雷等，都会产生较大的噪声。

第五，垃圾污染。大量的人口集中在一个不大的空间生活，会产生大量固体生活污染

---

① 黎忠文．工业噪声有效评价指标与标准的探讨[J]．地质勘探安全，1996(2)：21－22.

② 张志宇．城镇噪声污染与防治对策[J]．商品与质量，2011(SA)：220－220.

物，这给环境带来了严重污染，清华大学环境科学与工程系聂永丰等人的研究表明，一个声调的垃圾产生量与经济发展水平、城市特征、地理条件、消费习惯及燃料结构等有关，当一个的人均可支配收入达到万元时，人均日产生垃圾量约1千克，对于一个百万人口的城市，日产生垃圾量在千吨左右。其带来的危害是多样性的，包括对空气、水资源的污染，也会污染土壤，影响环境卫生，传播疾病，部分垃圾还可能带来诸如爆炸，产生有毒气体等恶劣影响。

第六，光污染。高楼林立的城市，玻璃幕墙，城市灯光给带来光污染。严重刺激人的视觉，损害人体健康。城市光污染的来源多，主要包括白亮污染，就是当阳光照射到建筑物上时，由于现代墙面都是反光材料制成的，因此会反射，形成污染；人工白昼污染，即夜晚城市里各种灯光对人眼的刺激造成的污染；彩光污染，即城市中夜总会、舞厅、公共场所的彩色灯光，如旋转灯、荧光灯等带来的污染①。所有这些污染对人体的主要危害一是损害眼睛，二是可能诱发癌症。因此，对这类污染加以防治是势在必行的。

第七，电磁污染。由于电子行业的不断发展，各种电器品种越来越多，应用越来越广，很多电器产品已经成了人们生活必需品，比如，手机行业每年生产几千万部，手机基站遍布全国，手机电磁辐射在所难免，虽然这些辐射在国家规定的安全范围内，但多种电磁波长期对人体辐射，其危害效果有待长远评估；有些电磁辐射强烈，如电焊产生的电弧，对人体极其有害。电磁辐射的特点是存在的空间范围广，难于发现，对其具体危害的严重性难于评估，但关注电磁污染已经成为人们的共识②。

二、城镇化发展对生态环境影响

由于城镇化带来了诸多环境污染问题，使得城镇居民的生活环境越来越恶劣，从而对居民的健康带来极大的损害，这些损害既有生理方面的，又有心理方面的，使人们同时受到身体与心理双重威胁。

(一)大气污染带来的危害

由于城镇人口密集，建筑物多以水泥、砖瓦、沥青、玻璃、金属等材料建造或铺设，这就根本改变了原有的草地、土壤、森林等自然环境，改变了反射与辐射的自然条件，改变了热交换的性质，从而很容易出现热岛效应，各国学者研究过的不同规模城市中，无论其处在何种地理纬度和地质条件，市内的气温都高于郊区。而且当天气系统微弱、冬季和夜间静风无云时，热岛的强度最强，随着城市的人口数量不断增加、面积不断扩大、城市

---

① 汤雪峰．光污染对生物体影响的实验探索[D]．南京航空航天大学，2006，19－29.

② EMF Pollution[J/OL]．EM Electromagnetic Radiation health and safety，http：//emwatch. com/.

性质已经发生改变，热岛强度最大值可达2~7℃[①]。热岛效应除了使城市温度上升外，会由于城市内外温度差异而引起热岛环流。使城市中心的热气流上升到高空，并向四周辐散和传播；而在近地面层，由于郊区的空气温度较低，会向城市中心辐射，形成所谓乡村风，对低压区因为上升运动而造成的质量损失进行补偿。这种环流会把城市上空扩散到郊区以外的大气污染物又重新拉回城市区域，造成反复的污染效果。热岛效应使城镇温度升高，对人体影响很大，山东滕州市鲍沟二中王本健在《城市热岛效应与人体健康》一文中的研究表明，高温区域的居民患上消化系统、神经系统疾病的概率大大增加；而其他呼吸系统疾病，如肺气肿、支气管炎、鼻窦炎、哮喘等的发病人数也会增多。

大气污染物中，常规监测因子有二氧化硫、二氧化氮、一氧化碳和可吸入颗粒物等，二氧化硫在大气中停留时间一般在1~2周，当它通过人体鼻腔、气管、支气管时，多被管腔内的水分吸收、阻留，变为硫酸、亚硫酸和硫酸盐，使其危害作用加强，当吸入的二氧化硫浓度超过100PPm时，吸入后会使呼吸系统受到损伤，特别是肺会受到损伤。二氧化氮对人体的呼吸器官黏膜有强烈的刺激作用，特别是对肺的危害作用更大，而且对造血组织以及心、肝、肾等器官都可能产生破坏作用，研究表明，二氧化氮还可以引发支气管哮喘病等疾病。一氧化碳这种强力污染物会对神经系统和血液产生强烈毒性。当空气中的一氧化碳含量超过一定剂量时，人们通过呼吸吸入的空气中就包含了较多的这种有毒气体，随着呼吸进入人体血液内，会与血液中的诸多物质，如血红蛋白（Hemoglobin，Hb）、含二价铁的呼吸酶、肌红蛋白质等物质结合，从而形成具有可逆性的结合产物，对人体机能产生负面作用。而如果我们呼吸的空气中的一氧化碳浓度超过人体承受度时，就会有数量可观的一氧化碳将进入机体血液[②]。它们会很快与血红蛋白（Hb）发生化学反应，形成一种称为碳氧血红蛋白（COHb）的物质，而这种物质的危害性在于能强烈减缓血球携带氧气的能力，使血液输送氧气的能力大大下降，从而导致机体、血管及其他组织供氧不足，不能正常进行生理活动，甚至使部分组织因缺氧而坏死。可吸入颗粒根据其直径大小不同，会侵入人体肺泡、支气管淋巴结和血液系统等不同部位，滞留时间可达数年之久，久而久之，不断积累的可吸入颗粒会引起鼻炎、肺炎甚至肺癌。如果可吸入颗粒还能吸附空气中的有害物质，包括病毒、细菌、有害气体及液体等，使人产生不同的疾病。

根据兰州大学兰岚《金昌市大气污染对人体健康的影响研究》一文显示，大气污染对呼吸系统疾病、心脑血管疾病、肺癌、免疫系统疾病都有重大影响。研究结果表明，大气污染使呼吸系统疾病入院人数、心脑血管疾病入院人数都有明显增加，特别是年龄对65岁

---

① JANE MCGRATH，What is the urban heat island effect[J/OL]. http：//science. howstuffworks. com/environmental/green-science/urban-heat-island. htm.

② 钟铁钢. 系列毒害气体传感器的研制及其特性研究[D]. 吉林大学，2010，30-36.

以上的人群影响更大。

（二）水污染对人体的危害

城镇居民由于人口集中及工业化的发展，产生大量污染物污染水源，城市每天产生大量生活污水，排泄到城市地下水道，对城市水源产生污染；工业企业不按环保要求进行排放，致使水环境受到破坏，其影响巨大。研究表明，水污染的主要来源有三个方面，一是工业污染，主要是工业排放，全国一年工业废水的排放在几百亿吨到上千亿吨，对环境水质影响非常严重[①]；二是农业污染，以牲畜粪便、人类排泄物、农药、化肥等为主体，这种富营养化的污染物的危害，往往会因为水中营养成分的增加，藻类等有害生物体在水中生长能力得到加强，繁殖能力大大上升，导致水体透明度明显变化，以及溶解氧的能力发生明显变化，从而导致水质严重恶化[②]；三是生活污染，由于人们在生活中使用各种洗涤剂，会成为生活污水的一部分，各种易溶性生活垃圾、人畜粪便等，都会对环境生成严重污染，这些物质虽然是无机盐类的无毒物，但其中所包含的物质中有氮、硫、磷等，而这些对环境是有害的，同时，生活污染物中细菌多，容易对人畜进行重复传播；生活污染物中也包括砷、硒、汞、镉、铅元素等元素，这些元素对环境同样具有严重的破坏作用；生活污染物中包含的有害化学物质，如四氯化碳、三氯乙烯、总三卤甲烷、亚硝酸盐等，都会对环境造成恶劣影响[③]。上面所述的各种污染物对人体多个器官与生理系统产生破坏作用，比如会对肾脏产生影响，使肾功能减弱；会影响中枢神经系统、神经系统的正常工作，导致人类产生精神类疾病；会对肠胃系统等产生伤害，导致人类产生肠胃系统疾病，严重时可以引起这些系统与器官产生癌变，最终导致人体死亡。

据华东师范大学罗锦洪[④]《饮用水源地水华人体健康风险评价》研究表明：水污染后会产生大量有害藻类，释放 MC_S，引起人体患病甚至死亡，长期使用 MC_S 污染过的水，会引发肝病，严重时会引发肝癌，大肠癌，生殖癌等。当水污染达到一定程度时，对人体的危害相当大，对环境的破坏极其严重，治理过程相当漫长，将造成重大经济损失。

（三）交通阻滞与噪声污染对人体的危害

拥挤的交通环境会造成数量可观的交通事故，影响人们出行心态及承受交通压力，造成心理健康受到影响；大量交通工具的使用又在排出大量污染空气的废气的同时，还制造了对人体健康相当有害的噪声污染；同时大量的交通必然消耗大量能源，占用较多的土地

---

① 于帅．农业污染不容忽视 环保农业势在必行[J]．农业机械，2010，（18）：26－28.

② 丁海燕．连云港饮用水水质与市区人群健康的关系及改善措施[J]．当代生态农业，2012(Z1)：107－112.

③ 绿化，姚宗君．职业日志[J/OL]．价值中国网，http：//www.chinavalue.net/Biz/Blog/2011-3-16/723017.aspx.

④ 罗锦洪．饮用水源地水华人体健康风险评价[D]．华东师范大学，2012，26－36.

资源来修筑交通道路。交通拥挤降低了社会效益，同时容易引起出行人群造成心理障碍，引起人们情绪紧张、心情焦虑、精神沮丧、身体不安、心理烦躁等不稳定的心理状况，进而会影响人的身体，引发生理上的不适应，出现生理反应，如胃肠功能下降，肌肉不适，精神紧张进而导致失眠、头疼等病理状况；当情况严重时，可能导致心脏病，诱发癌症以及产生溃疡等严重的疾病。

交通带来的噪声，工业噪声，生活噪声对人体的危害很大，王洪飞等[①]研究结果表明，噪声会严重影响人们的身心健康，大的噪音明显能有效影响听觉系统，神经系统，使人产生恶心、心烦、焦虑等心理影响，进而引起心跳加快，血压上升，长时间受到噪声影响，会使消化系统及心血管有不同程度的影响，噪声可以使人对光的敏感度降低，从而影响人们的视觉系统。

研究表明，噪声达到一定的量级时，会使人听觉受到损害，处于较强噪声环境中一段时间，会出现听觉器官暂时性病变，出现所谓的听阀偏移现象，如果长期处于这种强烈的噪声环境，则可能出现永久性听阀偏移，使听觉疲劳不能恢复，出现耳聋这样的危险情况[②]；通过实验研究表明，当噪声强度超过一定的标尺，就会对人们产生不同程度的影响，当噪声量大于 90 分贝时，由于噪声开始影响人们的神经系统，很多人的瞳孔明显扩大，从而出现视线模糊的现象；当噪声达超过 115 分贝时，几乎所有人的眼球会降低对光的敏感度，造成视力明显下降，有的甚至出现眼睛严重不适，出现肿胀、眼花缭乱、流泪等现象。可以看出，当噪声达到一定的数量时，还会对人的眼睛产生损害，影响人的视觉功能；当人们长期处于噪声环境中时，精神长期处于高度紧张状态，影响心肌收缩，增加心血管疾病的可能性，是心血管疾病的诱因之一，且有研究显示[③]，噪声会使人体总胆固醇上升，引起血脂上升，这些都是对心脏极其不利的。

噪声还会影响人体免疫系统，使其处于麻痹状态，时间长了容易引起免疫系统能力下降，从而增加癌变的可能性；如果周围环境噪声较大，孕妇长期处于这种环境中，会明显对正在发育的胎儿生长造成不可逆影响，严重影响胎儿语言发育能力，同时对智力发育能力也产生不良影响。

另外，由于噪声会让人神经系统受到影响，从而引起人体产生紧张反应，使人心神不定，引起肾上腺素生产量增加，进而引起心跳加快，血压上升，这就给心脏加重了工作负担，诱发心脏病发病率提升，导致心血管疾病的产生；使神经系统高度紧张，引起失眠疲劳、头晕、恶心、呕吐等症状，引发听觉系统相关病况的发生；由于处于紧张心理状态，

---

① 王洪飞等．噪声对人体的危害及综合防治研究[J]．华南国防医学杂志，2002，16(1)．

② 谭肸．噪声不仅仅损伤听力[J]．劳动保护，2005(7)：85 -86．

③ H，Spoendlin，Histopathology of noise deafness[J]．Journal of Otolaryngology，1985，14(5)：282 -6．

会使胃紧张，肠胃功能失常，影响消化系统异常及病变。在精神方面，噪声会让人烦躁、激动、动怒，甚至失去理智，让人容易出现心烦意乱，精神不集中，效率下降，容易疲劳等诸多不良影响。

(四)光污染与电磁污染对人体的危害

光污染具有主动侵害、难以感知、损害累积、危害严重等特点，对人体的伤害有时不被人们重视。光污染主要包括白亮污染、人工白昼污染和彩光污染①，其主要的危害包括：①对视觉产生伤害，对人眼角膜和虹膜造成损伤，引发视觉疲劳及视觉下降；②打乱人体生理节奏，危害人体健康，强烈的照明会打乱人体生物钟，造成体温、心跳、脉搏及血压的不协调，从而引发睡眠及营养等方面出现问题，甚至诱发癌症；③造成情绪波动，让人容易情绪激动、压抑、焦虑、疲劳等不良后果；④视觉干扰，容易引起事故，如强烈的交通照明，可能引起对人眼强烈刺激，引发交通事故；⑤会影响动植物正常生长，由于光污染打乱了动植物的生理节律，使动植物不能按正常生理机理运作，从而对生长产生影响。

电磁污染被称为第四大污染，电磁污染包括天然电磁结果，如雷电等，以及人为电磁结果，如切断大电流时产生脉冲放电；工频交流电磁场在生活中普遍存在；射频电磁辐射，如各种无线电波，手机信号等，都对人体产生一定的影响。研究表明，波长越短，对人体危害越大，因此，微波对人体危害性最大②。

电磁污染对人体的危害有多方面，首先是会引发心血管疾病、糖尿病和癌突变；对人体生理机能产生影响，使男性精子减少，使女性内分泌紊乱；可能引发孕妇流产及胎儿畸形；影响神经系统正常生理功能，造成头晕目眩、疲劳、记忆减退，视力下降、失眠心悸等诸多可能的病变③。

可见，电磁污染对人体影响非常大，必须高度重视。

从上面的分析可以看出，随着人口城镇化步伐的发展，各种城市污染危害人类健康，如何有效破解这些危害及影响，显得尤其重要。

三、城乡协调发展带动乡村旅游是减少影响健康的重要措施

针对上述城镇化带来的对居民健康的影响因素，采取何种措施来减轻影响，减少对人体健康的损害，是一项重要研究课题，不同的污染源，有不同的处理措施，比如，大气污染，必须从工业排污、生活排污、车辆排污等多方面来进行控制，同时有相应的政策措

---

① Par Yichen Guo：How to calssify light pollution[J]. guoy11@ culcuni. coventry. ac. uk，Posté le：2014(17)：46 -47

② A Lerchl(2013)，Electromagnetic pollution：another risk factor for infertility，or a red herring[J]. Asian Journal of Andrology，2013，15(2)：201 -203

③ Electromag neticradiation and health[J/OL]. https：//en. wikipedia. org/wiki/Electromagnetic_ radiation_ and_ health.

施、技术措施，并有得力的相关部门进行监督，使政策与技术措施得以施行。国务院在2013年9月发布《大气污染防治行动计划》①，是我国政府在对当前大气环境形势科学判断的基础上，作出的一项重大战略部署，为我国大气污染防治指明了方向。我国大力推广绿色产业，支持绿色工业发展，都是有力的技术措施，必将为大气污染治理做出贡献。

除了采取各种政策与技术手段外，改善环境状况也是减少污染的一个重要途径，推广城镇绿化就是一个有力的措施。

在城镇进行绿化，对美化城市环境，改善环境质量，减少环境破坏，提高居民健康水平有重大意义，是提高居民身体健康、改善城市宜居性的低成本方法和策略。

第三节　城镇绿化对乡村旅游的反思

一、绿化和城镇绿化的概念

绿化(Greening Planting)是通过栽种各种植物来改善环境的工作，是指通过在适当位置与地点种植防护林、花草及其他观赏的、经济的各种植物品种来改善环境，提高环境宜居性，促进与维护生态平衡。

我国开展人工造林工程，极大地改善了我国绿化环境，使土地保养、水土保持、环境气候有较大改变，凡是能增加植物数量与种类，对环境有改进作用的栽培园林工程都称为广义绿化；而增加了人为的评判标准，以对人类社会的投入产品来评判，可以称为狭义的绿化。生活中常提到的园林绿化、景观绿化、小区绿化，以及公园绿化等都是狭义的绿化。

通过对城市的空地、房前屋后、道路两旁、室内室外等能进行绿化的空间或地面进行栽种树木、花草，从而达到美化与改善城市环境的效果，就是城市绿化。城市绿化的目的是还原和恢复城市的重大生态能力，保证城镇居民在拥挤的城市环境中，能享受到自然环境的生态效果，同时通过绿化美化环境，让人与自然融为一体，帮助城市居民提高生活质量与健康基数。

二、绿化对环境的影响

绿化对环境的影响将最终影响人体的健康，绿化比率越高，对环境的影响将越明显，对人体健康状况的影响就越大。下面分析一下绿化会给环境带来什么改变，进而讨论绿化

---

① 王凯，韩远煜．城市绿色生态规划的发展现状和趋势[J]．北京农业，2011(09)：141－142.

给人体健康产生什么影响。

（一）绿化对温度、湿度的改变

每一个城镇，都是一个独立的气候区域，它们与周围区域的气候将有较明显的变化。由于城市都由高楼大厦、柏油路面等建筑组成，地面是地砖、水泥、柏油及钢筋混凝土结构，丧失原有的自然环境形成的优势与功能，吸热能力下降，散射、反射、辐射能力加强；由于建筑物的阻碍，通风条件越来越差；各种排热源非常多，如家庭生活产生热，大量汽车排热，工厂机器排热、太阳辐射热等，这些热源排出大量热，排放在城市有限的空间范围内，且这个空间不易吸收热量与散发热量，空气流动性差，在这种情况下，必然导致城市区域内形成了一个高温小气候区，其温度高于周围环境，这就是人们常说的“热岛效应”。

绿化能改变这种状况，原因是当温度升高时，绿化植被会蒸发出水分，形成一个蒸汽环境，从而吸收大量城市热能；同时，植被覆盖地表，会吸收太阳能，以及其他辐射的热能，如墙壁的反射热能，其他物体的辐射热能等，从而降低环境温度，改善环境湿度。

清华大学林波荣博士在《绿化对室外热环境影响的研究》指出，绿化对改善室外空间热环境质量，提高热舒适有重要作用。其中，树木改善热环境的效果最好，其次是灌木，最差的是草坪；但在不同边界条件时，树木对室外热改善效果不同，不一定总是好于灌木和草坪，因此，树木不同配置方式对于改善室外热效果不同。在绿化与非绿化的情况下，平均辐射温度差别明显，在10~20℃之间，因此，在室外种植合适的植物，可以有效改善环境温度。国外也有实验研究证明，室内植物可以帮助减少室内的二氧化碳含量及一氧化碳含量，改善空气质量从而对居民健康造成影响①。

同时，绿化会对周围环境的湿度产生影响，根据研究表明，在夏季气候条件下，1公顷阔叶林在一天时间内，由于蒸腾作用可蒸发2600升水分，可显著改善周围环境湿度值，其改变量在20%左右。不同的绿化形式对周围环境湿度的影响较大，如垂直绿化可提高周围环境湿度约30%左右，棚架绿化则可以使棚架内的湿度提高60%左右，屋顶绿化可使屋内湿度提高15%左右。

为了验证绿化对环境湿度与湿度的变化，笔者于2015年10月18日对衡阳市南郊公园绿化环境进行了实验测试，实验使用器材：温度计、湿度计各3支，秒表3块，选择南郊公园内三个不同地点进行测试，分别是没有植物覆盖的棵地、有草覆盖的草地及有树木覆盖树林，三个地点在同一时刻开始监测，分别测得不同时段的参数如表3-1。

---

① MD Burchett, Greening the great indoors for human health and wellbeing[D]. University of Technology, Sydney (2010), 20-25.

表 3-1　2015 年 10 月 18 日衡阳市南郊公园测量实验

地域	时间 温湿度	早上			中午			晚上		
		9:10	9:15	9:20	12:00	12:05	12:10	18:00	18:05	18:10
棵地 Tree	温度 Temperature(℃)	22.5	22.6	22.5	27.8	27.8	27.9	25.5	25.4	25.5
	相对湿度 Relative humidity(%)	45	46	46	44	43	45	43	43	44
草地 Meadow	温度 Temperature(℃)	22.1	22.1	22.2	26.9	27.0	27.0	24.9	24.8	24.9
	相对湿度 Relative humidity(%)	48	48	49	47	47	47	46	46	47
林地 Woodland	温度 Temperature(℃)	21.8	21.7	21.8	26.2	26.2	26.1	24.3	24.3	24.4
	相对湿度 Relative humidity(%)	53	54	53	53	53	54	53	52	53

从该表的数据显示可以看出，不同地域在早中晚不同时间段的温度不同，棵地温度最高，草地次之，林地温度最低，相对湿度变化更为明显，棵地相对湿度比草地与林地相差较大。从这里可以明显看出，绿化环境改善了温度与湿度状况，并且是改善舒适环境的一个重要因素。

绿化可以改善城镇空间的微小气候环境，从而缓解城市热岛效应、平衡城市生态系统和提高城市居民生活环境质量。由于改善了人们生活环境质量，使居民健康状况得到提升，产生病变的可能性减少，是有利于城镇居民健康的重要措施。

（二）绿化对噪声的影响

前面已经分析过，城市噪声对人们生活影响大，使城镇居民身心受到损害，通过绿化，可以抑制噪声，减少或消除这种影响，原因是绿化对噪声有较好的抑制作用。

声音传播的媒体虽然有固体、液体与气体三种，但人们在日常工作与生活中接触的声音主要是通过空气传播，而声波在空气中传播的过程中，由于声音会朝四周散射，会出现能量损耗；当碰到固定物体时，会产生反射，也会被所碰到的物体吸收一部分能量，从而降低声波传播动力。如果在噪声源附近建立隔离带，就可以大大减少噪声的向外传播。因此，从理论上可以理解，当在城镇不同位置都建立适当的绿化带，让噪声环绕在绿化带形成的隔离带中，就可以有效阻止噪声的传播，减少噪声强度，从而减少噪声对人体的影响。

西北工业大学环境生物学专业的王春梅在《交通噪声特性分析与绿化带降噪效果研究》一文中对绿化带与噪声传播的关系进行了详细研究，指出绿化草坪对降低噪声有规律性，单一草种的草坪对降噪效果很好，隔离带距噪声源 4～8 米时，降噪梯度开始加大，当距离到 8～12 米时，降噪梯度达到最大值，当距离进一步增加时，降噪梯度开始变小，但总的降噪量还在增加。同时，隔离带的宽度也很重要，当宽度不足 12 米时，其降噪效果不明显，但当降噪隔离带宽度超过 12 米时，效果明显增加；因此，最低有效降噪隔离带的宽度为 12 米。另外，对绿化林带的研究显示，绿化林带的有效降噪隔离带宽度为 16 米，降噪效果与林种、种植宽度、树冠高、透光度、林带宽等都有重要关系，其中林带宽度与透光度两项指标关系密切，宽度越大，降噪效果越好，成正比关系；与树林透光度成反比，即透光度越低，树叶密集，降噪效果越好。乔木和灌木隔行种植降噪效果最好，这种种植方式就像形成了一道密不透风的墙，降噪效果明显。因此，建议建立绿化林带来减少噪声对城镇化环境的污染。

隔离带的降噪效果如图 3-1 所示。

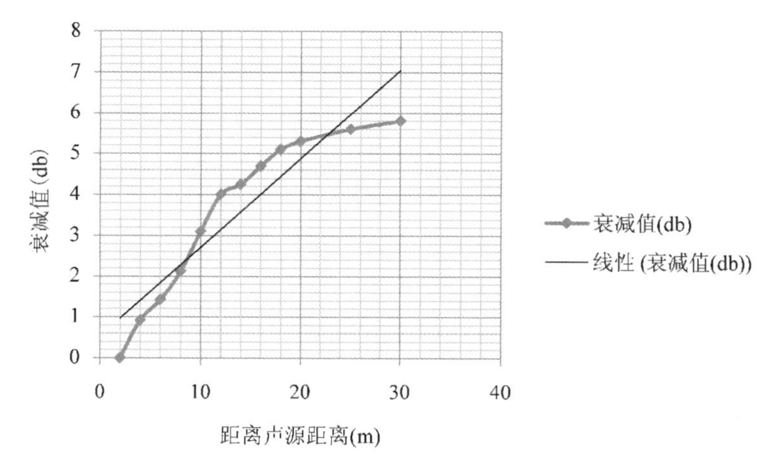

图 3-1　隔离带对噪声衰减的影响

绿化可以降低噪声，主要是因为绿化阻碍了噪声在空气中的正常传播途径，使噪声能量在传播过程中得到极大的吸收与消耗，从而使传播的能量减少，传播距离变短，传播的响度降低，从而减少了对环境的影响与危害。

噪声在经过一定距离时能量会不断衰减，首先会自然发散，这是因为噪声在向四周传播过程中，会向四周传播，传播呈球面状向外扩散，能量在传播过程中向四周散发，能量密度会随着面的扩大而变得越来越小；其次会被遮挡物衰减，如前面提到的绿化林带，会对噪声产生遮挡，使噪声传播不顺畅，在声波反射过程中能量得到衰减；最后会被空气吸收，声音在传播时要依赖空气作为传递媒介，使空气振动，从而消耗一部分能量；最后还有一个就是附加衰减，比如天气变化引起的气流非均质性、湍流引起的衰减等。噪声衰减量可以用以下公式表示：

$$L(r) = L_{ref}(r_0) - (A_{div} + A_{bar} + A_{atm} + A_{exe})$$

公式中 $L(r)$ 表示距声源距离为 r 的被观测点的声级，$L_{ref}(r_0)$ 表示距离声源距离为 r_0 的较近的参考观测点的声级，A_{div} 表示发散衰减损耗的声级量，A_{bar} 表示遮挡物衰减损耗的声级量，A_{atm} 表示空气吸收衰减损耗的声级量，A_{exe} 表示附加衰减损耗的声级量。

从这个关系可以看出，当有绿化带存在时，A_{bar} 越大，则使被观测点的声级衰减量越多，从而降噪效果越好。

绿化可以降低噪声级别，从而减少对人类健康的影响。

（三）绿化对空气质量的影响

空气污染会对人们造成伤害，研究显示，当空气污染指数每上升 1/10，则由于空气污染而造成的死亡就会增加约 3%，可见空气质量的好坏对人类健康影响严重。但空气质量受多方面的影响，城镇绿化是影响空气质量的一个重要方面。绿化对空气质量的影响主要有这五个方面：①影响空气中负离子含量；②对细菌的抑制作用；③防风固沙，储存水分；④绿化对碳氧平衡的影响；⑤对温度与湿度的影响。下面笔者对这些分别进行介绍，由于第 5 点在前面已经有较详细的介绍，在下面的介绍中就不再解释。

1. 影响空气中负离子含量

空气中的负离子被喻为空气的维生素，是空气的生长剂，空气中负离子含量是衡量空气清洁度质量的重要指标，对空气净化、卫生保健方面作用明显。

那么，空气中的负离子是怎么产生的？其实，分子是由原子组成的，而原子又由原子核和电子组成，电子是带负电的，原子核是带正电的，一般情况下，二者结合，正负电量抵消，因此，原子呈中性。但当分子由于某种原因，如电离作用；α 射线、β 射线、γ 射线作用；太阳紫外线以及宇宙射线的作用；光照作用等获得足够的能量时，电子就分摆脱原子核的束缚，变成自由电子，相应地，由于原子核失去了带负电的电子，就成为带正电的离子，当游离的自由电子被中性分子捕获时，就成为带负电的离子。一般空气中正负离子是同时存在的，据测定，一般空间的负离子浓度平均约为 750 个/立方厘米，负离子数量与所处位置有关，如海平面上负离子浓度略低。另外，负离子又分为大离子与小离子，一般空气污染较重时，大离子浓度高，离地面越高，大离子浓度越低，而小离子则相反。洁净时小离子浓度高，夏天小离子浓度相对其他季节高。

根据研究发现，城市比乡村离子浓度低，空旷地比森林地的离子浓度相差很大，资料显示，森林地带的负离子浓度是城镇居民室内负离子浓度的 80 倍以上，最高甚至达到 1600 倍之多；当森林覆盖率越高时，空气离子浓度就越高，当覆盖率超过 35% 时，负离子浓度达到最高值，但当覆盖率低于 7% 时，空气离子浓度明显降低。

为什么会出现上述树木覆盖率高的地区空气负离子浓度有如此大的变化？原因是林木在太阳紫外线照射下，产生光合作用及光电效应，有光电转换的效能，促进空气分子电离；树木释放的芳香挥发物能使空气中的分子电离；太阳射线、宇宙射线等对空气分子电离；绿化森林有除尘功能，使空气洁净，从而使小离子浓度高且寿命长等，这些都会使绿化地带的空气离子浓度加大，从而改善空气质量。研究表明，即使是草坪，其对空气负离子浓度的增加量也比空地的空气负离子浓度高出 1 倍以上。由此可见，在城镇实现绿化，可以明显改善空气质量。

2. 对细菌的抑制作用

空气中微生物含量受地区环境影响变化很大，在绿化地带，由于绿化植物能够吸附空气中的灰尘，减少了微生物的依附媒体，减少了微生物生长环境；另外，植物释放的出有机物质，具有挥发性，在空气中游离，碰到病菌时能将其有效地杀死，研究显示①，1 公顷柏林，24 小时内能分泌 30 毫克挥发性分泌物，对空气中的多种病菌，如伤寒、白喉、痢疾等有强烈的杀灭作用与抑制作用。很多植物散发的芳香气味，对空气中的细菌有很强的抑制作用，常见的白桦树，能释放萜烯类化合物，如(1R)-α-蒎烯、石竹烯、3-蒈烯等物质，也会释放烃类物质及甲氧基乙基烯等物质，还有其他如脂类、醇类等物质，通过挥发性有机物单体的抑菌试验发现，柠檬烯、莰烯抑菌效果较好，且随着单体浓度的增加呈现抑菌效果增强的趋势。油松是常见树种，其对空气中细菌的抑制能力强于白桦，杨树、樟树等同样对空气中细菌的抑制作用有非常明显的效果，树种不同，抑制效果不一样，一般对空气中微生物的抑制率在 20%~70% 之间。

植物不但能细菌有强烈的抑制作用，很多植物还能吸收空气中的有害成分，从而减少人类感染疾病的可能性，提升人们健康的生活环境。常见的能对空气起净化作用的植物可参考表 3-2。这些植物可以作为盆景置于房间，也可以栽种在房前屋后园林中。

表 3-2 部分能净化空气的植物

序号 No.	植物名称 Plant Names	吸收空气中不良气体作用 Air to absorb the adverse effects of gas
1	吊兰	可吸收一氧化碳、过氧化氮和其他挥发性有害气体
2	芦荟、常春藤	可吸收空气中的甲醛
3	苏铁、橡皮树	可吸收苯
4	山茶花、石榴	吸收氯气
5	龙舌兰	可吸收苯、甲醛、三氯乙烯

① 重视生态环境 共建绿色城市[J]. 中国绿色画报，2011(7)：1-2.

（续）

序号 No.	植物名称 Plant Names	吸收空气中不良气体作用 Air to absorb the adverse effects of gas
6	含羞草、鸡冠花	可吸收放射性核素铀等
7	米兰	能吸收二氧化硫和氯气
8	紫藤、月季	能吸收氯气
9	水仙花	有吸收汞的能力
10	仙人掌、虎皮兰、景天	可增加空气中的负离子，释放氧气，吸收二氧化碳
11	万寿菊、矮牵牛	能吸收大气中的氟化物
12	紫茉莉、金鱼草、半支莲	对氟化氢的抗性最强

3. 防风固沙，储存水分

绿化可以使风速下降，一般在下风侧，树高的25~30倍处风力明显减少，最有效的是在树高3~5倍处，风速可降低到35%左右。当栽种的林木长度大于100米，宽度在10~20米时，可以有效抵御风砂侵袭，当然，栽种林木的密度、树木种类都对防治风砂有不同的效果，树木栽种越密，透光率越低，树越高，则防风效果越好。林木之所以能防风固沙，主要是因为当风吹向林木时，被林木阻挡，消耗了一部分能量，风速降低，气流密度加大，气流向树顶方向越过树顶而减弱，使风速降低；同时风摇动树木及枝叶，消耗能量而使风速下降；而树木盘根错节，纵横交错的根系，使沙地固定，保持了沙地的稳定性，因此，树木具有防风固沙的能力。防沙还有一个关键因素就是要有水，如果没有水，沙地蒸发很快，干涸的沙漠就容易形成，而森林可以改变区域生态环境，森林植被越多，水分下渗率就越高，水分流到地下的量就越多，可见森林能增强土壤对水分的渗透能力，使水分能有效的留下；树叶树枝能截留下雨的水分，部分留存在树叶及树身内，另有大量水分存储在土壤中，再经过蒸发作用，森林上空有大量水蒸发，形成雨雾，再降落到地面，这就形成了一个很有利于环境的循环过程，从而使森林地区形成雨水持续循环的区域，保证了土壤的湿润，防止沙漠化。可见，林木种植量大时，可以起到防风固沙，贮存水分，改善大气状况等作用。

城市绿化可以改变城市地下水分储存，城市防风林可以防止或减弱风沙入侵。近几年来城市出现风沙天气、雾霾天气频率越来越高，出现的程度越来越严重，其中一个重要的治理办法就是加大防护林建设，加大沙漠治理。我国一直提倡植树造林，并制定了相关政策，现已经取得了良好效果，近年来，我国每年完成600万公顷造林任务，并制定了严格的森林保护制度，悉尼大学农业与环境学院环境学系研究员宋欣表示①，全球植被覆盖率

① 鲍捷，陈丽丹，陈尚．中国生态文明建设获得实质进展[N]．人民日报，2015-04-22.

上升与中国的植树造林分不开，我国从20世纪80年代开始，掀起了一场在全国范围内的绿化荒山，植树造林，美化环境的活动，让许多原来是黄土与沙漠覆盖的山头变成了绿洲。

森林在吸收温室气体、支撑生物多样性、涵养水源、净化空气等方面发挥了重要功能。在新的城镇建设中，让新型城市成为绿化城市，森林中的城市，将是一种重要的发展方向。

4. 绿化对碳氧平衡的影响

空气是人赖以生存、不可或缺的东西，当空气中氧气浓度过低，如少于10%时，人就会有缺氧的症状，感觉头晕，呼吸不畅，精神不振，当二氧化碳量上升到一定量时，比如说超过2%以上时，也会让人难受。因此，良好的空气应该是氧气含量高，二氧化碳含量低，这样的环境才能让人类生活得舒服。植物通过光合作用，能够吸收二氧化碳，同时释放氧气，于是，大气中碳原子与氧原子的比例得到调剂，使空气中氧含量上升，而碳原子的含量下降，维持了空气中碳氧平衡，保证和促进了空气的清新。植物在进行光合作用时，能将264克二氧化碳及108克水，转化为180克氧气及其他碳水化合物，我国科学工作者通过实验指出，1公顷森林每天可以吸收二氧化碳约67~69千克，释放氧气量约49~50千克，其中，1公顷阔叶林在其一个生长周期内，可以消耗1吨二氧化碳，释放出750千克的氧气；而草坪每天每平方米能吸收36克二氧化碳，同时释放24克氧气。可见，植物在吸收了大量有害气体同时生产了大量对人体有益的氧气，城市中人口稠密，用氧的除了人、动物外，还有工业、家庭燃烧等消耗大量氧气，如果按一定量比例栽种植物，就可以弥补人类因为呼吸、工作与生活所消耗的氧气成分，并将人类工作与生活中产生的二氧化碳吸收掉，保护大气中持续的碳氧平衡，保证人类生活的正常健康进行。

（四）绿化与环境宜居性

城市宜居性是社会、环境、经济、文化和谐协调发展，人们精神与物质得到满足，生活、工作、居住、出行方便，生活安全健康，社会环境、人文环境和自然环境有机统一的城市。宜居城市是综合反映一个城市从精神文明到物质文明的概念，它包括一个城市经济发展水平、生态环境质量、社会文明程度、生活方便程度以及基础设施建设情况等。

在宜居城市的众多方面中，生态环境是一个重要内容，如果一个城市自然环境不合格，如何成为宜居城市？如果一个城市生态环境质量差，又如何成为宜居城市？因此，要建立宜居城市，就要让城市生态环境符合要求，其最佳且最经济的解决方案就是城市绿化，前面已经分析过，城市绿化能给城市带来很多优势，其中对生态环境的改善包括空气水源及其他环境的改善都是有利的。宜居城市建设的一个要求就是要建立一个生态城市，让城市在青山绿水，树木环抱的环境中，让人生活在诗一般的美景中，让城市真正做到低碳环保，可持续发展，人和自然和谐共生。

绿化可以改变城市环境的生态环境，让城市空气清新，环境优美，让城市不再是孤零零的高楼大厦与光溜溜的路面，而是映衬在青山绿水鸟语花香的优美大自然中。

（五）绿化与人体健康

1. 绿化对生理健康的影响

绿化对人体生理状况的影响是明显的，城镇居民如果能生活在绿化环境中，其生理改善有助其身体健康生长，出现这种情况的原因有：①绿化植物会释放挥发性物质，其中就不乏具有药理作用的气体，对人体健康有促进作用；同时，雅香沁心，使人精神清爽，提高神经细胞的兴奋性，助进神经液体调节功能，使人体相应器官产生相应的有益人体健康的分泌物来调节人体各部分功能，达到保健效果；②植物光合作用吸收二氧化碳及其他有害气体，产生大量氧气，改善了人体供氧环境，促进人体新陈代谢活动更加活跃，增强人体血液循环力度，使人体机能朝健康方向发展；③绿化植物能增加空气中负离子含量，杀死病菌和病毒，使空气更加洁净，不容易传播疾病；④优美的自然环境让人心旷神怡，使人的兴奋神经得到施展，容易消耗疲劳与紧张，身体得到舒展，各部分器官得到放松，促进了身体健康。

北京林业大学许志敏在《居住区绿地与居民身心健康的关系》中已经论证了居民区的绿化与居民身心健康的相关性，证实了客观绿化环境对居民健康有直接影响，说明了绿化对人体健康的影响是存在的。下面进行具体分析：

第一，绿化植物释放的挥发物质对人体健康有益。很多植物都能释放出挥发性化学物质，笔者在前面已经论述过，很多植物的挥发性物质能治疗多种疾病，现在再来进行进一步的说明。

在祖国医学中，大量的中医药物来自各种植物，不久前我国获得诺贝尔生理学或医学奖的科学家屠呦呦就是从青蒿中提取青蒿素，从而找到了根治疟疾等传播性疾病的钥匙，我国中医实践表明，大量的植物对人体疾病的治疗作用无可辩驳的，是几千年中医实践反复验证过的事实；而在这些药物中，有许多就在居民身边，成为城市绿化的一部分，这些植物有的本身就能释放出芳香的气味，除了对人体心理上产生好感外，更能直接作用于人的身体，让人身体生理状态得到改善。

我国一直以来有端午挂艾叶、柏枝与菖蒲的习惯，因为这些植物有杀菌除毒的作用，以艾叶为例，其成分中含有挥发油，其化学成分包括：含挥发性油，桉叶精、α-侧柏酮、α-水芹烯、β-丁香烯、莰烯、樟脑、藏茴香酮、反式苇醇、Ⅰ-α-松油醇等物质，中医《别录》中称其为“主炙百病”，《药性论》认为“止崩血，安胎止腹痛”，《纲目》认为其具有“温中，逐冷，除湿”功能。

在中医药中，能治病的植物众多，靠气味治病的例子也比比皆是，如古人以金银花、薄荷、艾叶做成枕头，就是利用这些药物散发的气味来治病防病；玫瑰花、栀子花、茉莉花等香味浓郁，闻了可以治疗扁桃体炎或咽喉肿痛等。

有研究表明，很多散发气味的植物有良好的治病效果，如姜能止吐抗炎，对晕车晕船都有好处；迷迭香有抗癌作用，能破坏癌细胞；姜黄能缓解疼痛，预防老年障碍症，中药中凡肩臂疼痛、跌扑肿痛都可使用姜黄；大蒜可以杀菌杀虫抗衰老……

《神农本草经》最早记录了四气五味理论，是中药的基本理论之一，认为“药有酸苦甘辛咸五味，又有寒热温凉四气”。提出了中药配伍讲究气与气味配合的理论；李东垣在《脾胃论》中也肯定了气味说，指出“凡药之所用，皆以气味为主”；清代医学家徐灵胎指出:"凡药之用，或取其气，或取其味。”可见，在我国古代医学宝库中，就有大量关于气味治病的理论，这也说明了植物气味能治病的情况是千真万确的。

第二，植物光合作用产生的大量氧改善对人体供氧环境。笔者在前面已经阐述了绿化植物会产生大量的氧，对人体是有益的，下面笔者通过实验来验证这一关系。

选择湖南环境生物职业技术学院中职护士专业学生进行对比实验，每个实验组学生5人，均为女生，年龄在15~16岁之间，实验内容是选择两个对比组，一组在城市区域绿化环境不好的位置游玩2小时，另一组在森林公园绿化环境良好的位置游玩2小时，游玩时规定游玩以缓慢散步的形式进行，实验开始时，对两个对比组进行测量一次，游玩2小时后，再测定一次进行对比，结果见表3-3和表3-4。实验使用仪器有血压计、秒表、血气分析仪、抽血样相关器材。

表3-3 无绿化环境中对比组

对比组 Comparison group	编号 No.	心率 Heart rate （次/min）	血氧饱和度(动脉氧分压) Oxygen saturation (arterial partial pressure of oxygen)
第1组(实验开始时测量值) First group (Measurement start of the experiment)	1	97	12.83
	2	102	11.92
	3	88	11.84
	4	85	12.36
	5	92	11.75
第1组(实验2小时后测量值) First group (Experimental measurements after 2 hours)	1	98	12.84
	2	101	11.92
	3	87	11.85
	4	86	12.35
	5	93	11.75

表 3-4 绿化良好环境中对比组

对比组 Comparison group	编号 No.	心率 Heart rate (次/min)	血氧饱和度(动脉氧分压) Oxygen saturation (arterial partial pressure of oxygen)
第 2 组(实验开始时测量值) Second Group (Measurement start of the experiment)	1	75	11.87
	2	99	12.92
	3	83	12.11
	4	90	11.56
	5	93	11.89
第 2 组(实验 2 小时后测量值) Second Group (Experimental measurements after 2 hours)	1	73	11.91
	2	97	12.95
	3	81	12.14
	4	87	11.60
	5	90	11.93

从上面的两个对比组的测量可以明显看出，第一对比组是在绿化环境不良的区域，其游玩 2 小时后如图 3-2 所示。左侧是第一对比组实验开始及实验后心率数据对比图，其心率变化没有规律性，变化数量极少；右侧是第一对比组实验开始及实验后动脉氧分压值，可见其变化不明显，实验数据曲线缠绕在一起难以区分，说明实验前后变化不明显。

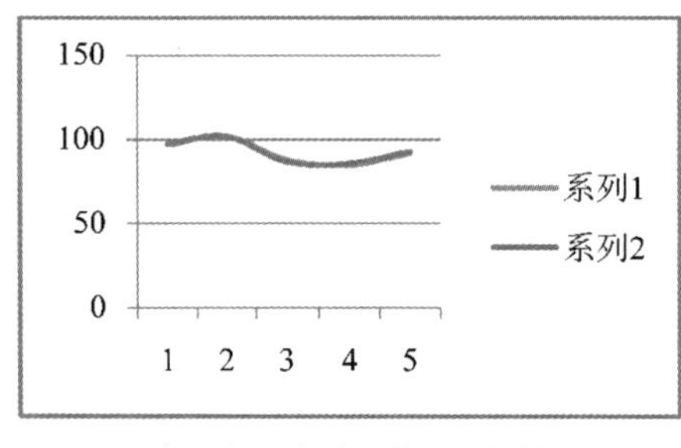

第 1 组（实验开始时测量值）

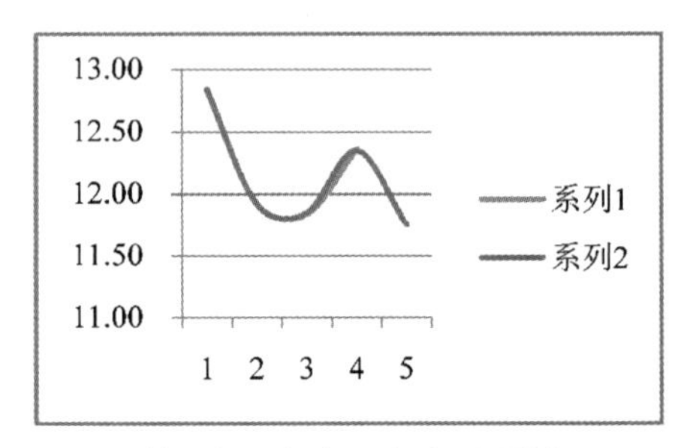

第 1 组（实验 2 小时后测量值）

图 3-2 第一对比组实验数据对比

如图 3-3 所示是第二实验组数据，左侧是实验开始时与实验结束时心率变化，可以看到，心率值普遍明显有所降低；右侧是动脉氧分压值，其数据明显普遍上升，平均上升值约为 0.3%。

从上面的实验可以看出，在绿化良好时，空气污染少，负离子含量高，氧分充足的条件下，人的心率有所下降，血氧浓度有所升高，说明绿化状态与非绿化状态对人的生理有影响效果，减轻了生理负担。

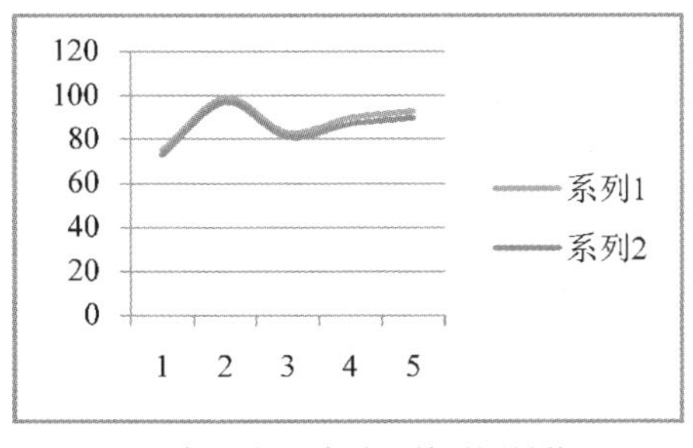

第 2 组（实验开始时测量值）

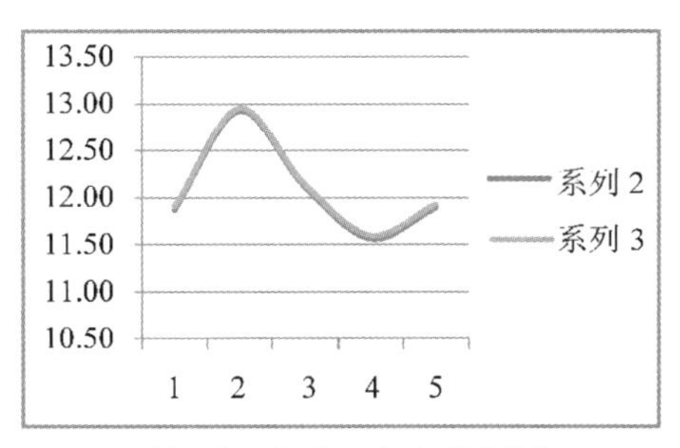

第 2 组（实验 2 小时后测量值）

图 3-3 第二对比组实验数据对比

第三，绿化能杀死病菌，阻滞疾病的传播。笔者已经分析了绿化环境好时，空气中负离子含量会大大提高，而负离子具有诸多优秀的性能：能直接杀灭部分病菌，防止病毒传播；吸入适量负离子可提高人体免疫能力，阻滞疾病的生成；具有抗氧化防衰老的作用，防止癌症形成。在临床应用上，已经使用负离子防治的疾病种类很多，如失眠、急性或慢性支气管炎，高血压、冠心病、哮喘、脑梗塞、脑动脉硬化等，这些在各大医院都有实际应用，取得的成功率很高，当然，医院在使用空气负离子治疗疾病时，会配合其他药物治疗，但对比实验表明，不用负离子治疗与使用负离子治疗效果有明显区别，显示了空气负离子在治疗疾病中的独特作用。衡阳市第一人民医院在美容整形时，使用负离子养生纳米舱，该设备一是让加热的循环水波动，二是提供负离子气体，可以达到活化肌肤，燃烧热量，排毒解疼的效果，实践表明效果良好，在进行的数十例病患者对比研究中发现，负离子养生纳米舱可以明显加快治疗速度，提高治疗效果。

负离子的另一个作用就是能快速杀灭空气中的细菌，且杀灭效率高，杀灭速度快。负离子之所以能够杀菌，一则是因为负离子与细菌结合后，会很快使细菌的形状与结构发生改变，能量发生转移，从而导致细菌死亡；二则是负离子抑制细菌的生长，让其失去攻击细胞的能力。

负离子容易与空气中漂浮的灰尘结合，形成密度较大的粒子，沉入地面，而不是悬浮于空气中。而这些灰尘颗粒正是病菌在空气中赖以生存的依附体，它们的下沉大大减少了空气中病菌的拥有量，阻滞了疾病的传播。

为了验证负离子对空气中颗粒物的吸收作用，设计一个负离子去除烟雾的实验。

实验器材：负离子发生器一个；灭蚊片若干；打火机一个；玻璃罩一个。

实验过程：用玻璃罩罩住负离子发生器，然后将灭蚊片置于玻璃罩内，并点火让其产生大量浓烟，完全充满整个玻璃罩，此时启动负离子发生器，不一会，玻璃罩内烟雾迅速消失。

从这个实验可以看出，由于负离子能中和烟雾，将烟雾较粗的颗粒快速过滤掉，使空气中粗糙的颗粒减少，从而减少细菌、病毒等有害物质的依附体，使空气洁净度提高，最终减少空气中细菌、病毒等在人体间传播的可能性。

可见，在城镇进行大面积绿化，就可以形成一个天然的负离子发生器，使整个城市空间中负离子浓度提高，对人体生理健康和心理健康带来难以言喻的好处。

第四，绿化美化了环境的同时，激活了人体兴奋神经。

绿化对环境外观进行了改变，让原本单调枯燥的城市环境变得五颜六色、花团锦簇、万紫千红了，舒适宜人的环境给人视觉上清新爽朗的感觉，让视觉神经与视觉中枢接收的刺激柔和平缓，从而不容易疲劳，保护视力，让神经末梢处于正常的工作状态中，从而使人精力充沛，精神焕发。

另外，绿化产生的大量负离子具有缓解紧张，舒展心情，防止郁闷的功能，据美国加州伯克利分校教授 Albert Kreuger 研究显示，空气负离子能对人体内的一种叫做五羟色胺（5-hydroxy tryptamine）的物质含量产生影响，改变其含量，而这种物质具有传递神经信息的功能，参与人体疼痛、失眠、体温等多种生命活动，并与精神疾病等有关联①。俄罗斯实验生物物理研究所工作人员用空气负离子对动物研究发现，在经过空气负离子对动物血浆红细胞胞液进行处理后，其超氧化物歧化酶（SOD）的活性会显著增加，而该物质能消除生命新陈代谢过程中的有害物质，是人体内的垃圾处理工，是人体内氧自由基的头号杀手，其含量高低意味生命的成长与衰老，而负离子可以激活这一物质的活性，其对生命的影响作用可见一般。

从以上分析可以看出，在城镇范围内形成一个绿化圈，将城市各种建设都与绿化关联起来，让人们生活在一个绿色环绕的空间中，会给人的身体健康带来很多好处，对改善人的生理状况起到不可忽视的重要作用。

2. 绿化对心理健康的影响

我国人民把松、竹、梅喻为岁寒三友，其中一个原因就是因为这三种植物在严寒中能顽强生存，除了给人以傲骨迎风，挺霜而立的精神面貌外，也为人们在寒冷的冬天带来了绿意，给人在冷清中带来新意与青春的活力，给人精神上带来丰富多彩的内涵，让人心灵得到慰藉。

人们在生活中也很容易感觉到这种情况，就是处在一个温馨绿化的环境中时，人感觉到身心放松，压力全无，烦恼尽消，这就是绿色给人们带来的心理上的宽慰。正是因为绿色植物能给人心理健康与生理健康带来不可估量的影响，所以有人提出了森林浴，既能进

---

① J Riga，JJ Verbist，F Wudl et al. The electronic structure and conductivity of tetrathiotetracene，tetrathionaphthalene，and tetraselenotetracene studied by ESCA[J]. Journal of Chemical Physics，1978，69(69)：3221－3231.

行旅游观光又能起到治病防病的效果，对心理治病起很好的作用。

英国长期追踪资料库在研究高收入城市抑郁症患者致残时，对城市抑郁症患者做了一个为期五年的调查，调查采用普通健康问卷(GHQ)形式进行，这些参与者分别移居到绿化环境好的区域和绿化环境差的区域居住，三年后调查数据显示，移居到绿化环境好的个体的 GHQ 指标有明显提高，而移居到绿化环境不好的个体的 GHQ 指标则下降，到第五年时再调查这些指标，发现移居到绿化环境好的个体与绿化环境差的个体的 GHQ 指标区别不大，这可能是移居到绿化环境差的个体已经开始适应恶劣环境的原因，因为人有较强的适应能力。从这个调查可以认为，绿化环境对人体心理健康是有明显影响的。

人们心理变化受到情绪，环境，身体状况及其他多方面的影响，但环境的变化是其中重要的一项，当你的环境恶劣时，心理上就会有不快的感觉产生，继而厌烦，产生心理抵触情绪，使心理不愉快，进而影响身体健康或者造成更加重要的后果，如精神失控等。因此，良好的环境能让心理健康得到延伸，反之会破坏心理健康。在有花香绿树的环境中，就能很好地陶冶情操，美化心灵。

心理测量量表是一种依据心理学理论，用一定操作方法对人的心理、能力、人格等进行数量化的评测工具，是心理测量的主要手段。为了更进一步理解绿化对人们心理健康的影响关系，笔者对衡阳市岳屏公园、西湖公园两处游玩较多地点进行心理测量量表调查。

实验对象：退休中老年人群

实验时间：2015. 9. 1—2015. 9. 2

试验方法：心理测量量表问卷法

量表参数确定，本量表调查目的是要知道游玩公园后，公园的绿化环境对游客心理健康产生何种影响，以及影响的程度。因此，在选择量表参数时，主要考虑在绿化环境下游玩后心理因素及情绪因素。

设计问卷内容包括：

(1)来公园频度(FM)。A. 常来　B. 偶尔来

(2)绿化对心理的影响(HE)。A. 有　B. 无

(3)绿化对身体放松有否影响(BD)。A. 是　B. 否

(4)绿化对心情舒畅有否影响(HD)。A. 是　B. 否

(5)绿化会减少压抑(OP)。A. 是　B. 否

在连续两天的访问中，共采访中老年人员 493 人，其中，认为公园绿化能影响心情，让身体放松与舒畅的人群占的比例数量记录见表 3-5。

表 3-5　不同参数回答人数调查表

参数 \ 人群	A	B
来公园频度(FM)	255 51.7%（常来）	238 48.3%（偶尔来）
对心理影响(HE)	427 86.6%（有）	66 13.4%（无）
身体放松(BD)	419 84.9%（是）	74 15.1%（否）
心情舒畅(HD)	399 80.9%（是）	94 19.1%（否）
减少压抑(OP)	313 63.5%（是）	180 36.5%（否）

对比图如图 3-4 所示。

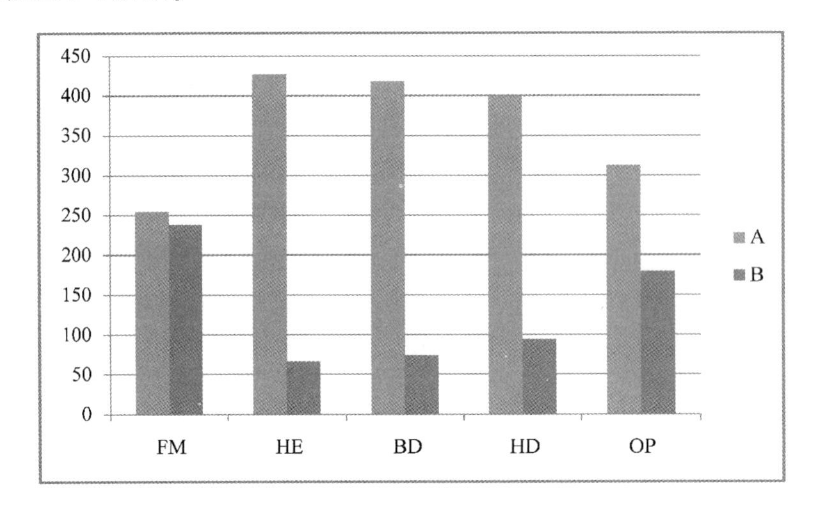

图 3-4　不同参数对比

从这个调查表可以看出，认为不同绿化情况影响人们心理的人数占 86.6%，感觉绿化环境能让人全身放松的人占 84.9%，认为使人心情舒畅的占 80.9%，认为能减少压抑的占 63.5%。从这个调查表可以看出，绿化环境对人的心理影响是存在的，且对比明显。

第四节　衡阳市绿化对乡村旅游的影响

一、衡阳市绿化情况介绍

衡阳是个有山有水、风光旖旎、自然景观遍布的优秀旅游城市。随着城市飞速发展，绿化也在跟进，绿化从 2001 年时人均绿化面积只有 2.5 平方米左右，发展到现在，城区绿地面积已经达到近 4200 公顷，城市建成区域的绿化率超过 37%，绿地率超过 34%，人均公园绿地面积约 9.2 平方米左右。

衡阳市绿地规划以沿湘江、耒水及蒸水三根水系发展，建成沿水风光带，形成十字形发展大格局，城区形成了点线面相结合的绿化格局。衡阳 2015 年举办添绿出彩行动，开展了大乔木进雁城，添置大量彩色乔木，树种包括美国栾树、红枫、紫薇、日本早樱等彩色树木品种，还计划修复城区受损绿化区域，栽种各种彩色树木，以便让原来的单纯绿色绿化变成彩色绿化。

衡阳市区目前绿化包括：道路绿化，在公路两侧栽种树木，在道路中间隔离带栽种树木或花坛，在保证充足视线的情况下，让道路掩映在树林中是一种基本趋势；住宅区绿化，衡阳市 2014 年在实施《城市绿化条例》和《湖南省实施城市绿化条例办法》中规定，住宅区绿化率不低于 35%，新建住宅区必须严格执行这一标准，并对不合格的加大处罚力度，促进了住宅区绿化的实施；公共区域绿化，采取见缝插针的方式，凡是可以种植树林花草的地方就进行栽种，不留死角；沿江绿化，对湘江、耒水、蒸水三条水系进行沿江绿化，已经建成湘江水系沿江绿化带，使原本乱七八糟的江边区域变成绿色林荫大道，既起到绿化美化城市环境的作用，又能护堤防洪，一举多得；公园绿化，公园是城市居民休憩游玩之所，是绿化的重要区域，目前衡阳市区内的公园绿化都进展良好，绿化率较高。

绿化的树木种类也在发生变化，目前在衡阳市区栽种的树木种类及药草植物种类达 600 种之多，常见的树种见表 3-6。随着城市的不断发展，绿化的面积在扩大，绿化效果也越来越好；绿化树木的品种在不断引进，以丰富绿化品种，增加市容美化效果，促进环保进程。

表 3-6　衡阳市区常见植物

序号 No.	树种名称 Species name	主要应用场地 The main application field	特性 Characteristic
1	刺柏	广场	高大，可观赏，四季常青
2	广玉兰	道路两侧	常绿乔木、可观赏，可药用

（续）

序号 No.	树种名称 Species name	主要应用场地 The main application field	特性 Characteristic
3	雪松	广场	常绿乔木、可观赏，驱虫，可药用
4	香樟	公园、道路两侧	常绿大乔木、可观赏，治感冒，可药用
5	罗汉松	路旁、广场、公园	常绿乔木、可观赏，可药用
6	棕榈	道路两侧	常绿乔木、可观赏
7	桂花	道路两侧、广场	常绿乔木或灌木、观赏、药用、膳食
8	苏铁	路旁、广场、公园	可药用、膳用、常绿、观赏
9	铺地柏	街边	柏科圆柏属灌木、观赏
10	杜英	道路两侧	常绿乔木植物、药用、食用、观赏、降噪声效果好
11	法国梧桐	道路两侧	杂交树种、易栽、观赏、绿化
12	水杉	广场	裸子植物杉科、观赏、绿化
13	山茶	广场、公园、路侧	山茶属植物、街景、绿化、药用
14	紫叶李	路侧、广场、公园	蔷薇科李属落叶小乔木、绿化、景观
15	阔叶十大功劳	路侧、广场、公园	小柴檗科植物、药用、观赏、绿化
16	紫荆	广场、公园、路侧	落叶乔木或灌木、药用清热解毒、观赏
17	孝顺竹	广场、公园、街边	禾本目植物、观赏、食用、药用
18	大叶黄杨	路侧、街边、公园	灌木或小乔木、常绿、观赏、绿化
19	小叶黄杨	路旁、街边	常绿灌木或小乔木、观赏、绿化
20	小叶女贞	广场、路边	木犀科女贞属的小灌木、药用、观赏、绿化
21	海桐	路旁、街边	海桐花属，常绿灌木或小乔木、绿化、药用、观赏
22	月季	广场、街边	蔷薇科植物、药用、观赏、绿化、环保
23	水栀子	路旁、广场、公园	被子植物、药用、观赏、解热凉血、镇静止痛、疏风解湿
24	杜鹃	广场、路旁	杜鹃花科植物、药用、文化、绿化、观赏
25	万寿菊	广场、路旁、公园	草本植物、药用、观赏、文化
26	阔叶沿阶草	广场、路旁、公园	地被植物、药用、观赏、绿化
27	麦冬	广场、路旁、公园	多年生常绿草本植物、药用、绿化、观赏
28	紫薇	广场、路旁、公园	千屈菜科紫薇属植物、药用、观赏
29	葱莲	广场、路旁、公园	多年生草本植物、药用、观赏、绿化
30	雪铁芋	盆景、公园	常绿草本植物、观赏及家居搭配

以上这些常见植物可以看出，有许多植物都具有药用价值，如“十大功劳”就是一种在

常用的药物，其根可以治痢疾、咽炎、咽炎、肺结核等疾病，其叶可治肺结核潮热、骨蒸，风火牙痛、赤白带下、咽喉肿瘤等，其茎可治目赤肿痛、湿疹、疮毒、烫火伤等，可见其全身都是宝，还可供观赏及绿化。因此，在市区栽种这些植物品种是有益的。图 3-5 展示了部分衡阳市栽种的植物品种，图 3-6 展示了部分地方绿化效果。

图 3-5　部分植物品种

公园绿化

广场绿化

图 3-6　部分公共绿化区

衡阳市目前的绿化情况虽然得到极大的发展，但还有很多不足的地方，比如，由于城区规划时建筑间距离太小，使得绿化空间被压缩，减少了绿化的机会，降低了绿化率；各区域还存在绿化不到位的情况，需要加大绿化力度；房屋前后、屋顶、室内的绿化有待加强，还处于初级发展阶段。

如果能够逐渐消除绿化死角，将城市建立在花园绿树中，一定能对居民健康带来长远好处。

2. 衡阳的绿化与环境

污染是与城镇化发展紧密相随的，但当城镇化发展到一个新的阶段后，特别是工业发展到一定时期，由于人们加大对环境的治理，污染的水平又会渐趋平稳或下降。国外发达国家的发展过程就是这样一个情况，如英国在第二次工业革命时期(1870—1914)，由于新技术与新产品不断出现，工业发展加速，城市人口不断增加，空气污染状况不断加重，使得当时很多英国城市居民患有肺结核、支气管炎等与污染有关的疾病，其他发展国家也都经历了这样一个过程，后来经过大量的措施，投入大量的人力物力，才使严重的污染发展势头得以阻止，我国吸取这些国家发展的经验教训，在发展的较早期就开始治理，因此，其受损失的程度相对较轻，但即使如此，城镇化、工业化带来的环境问题还是非常严重。衡阳市的环境污染也有这样一个过程。

根据湖南环境生物职业学院环境科学系刘付真，衡阳市环境监测站赵智华在《衡阳市城区大气污染现状及趋势分析》介绍的情况表明，衡阳市在1990—2003年期间，衡阳市的主要污染物是二氧化硫，二氧化氮及总悬浮颗粒物(TSP)，其中，二氧化硫呈现类似V字形的走势，以1998年时浓度最低为年日均0.023毫克/立方米，最高的1997年达到0.104毫克/立方米，远低于国家二级标准0.06毫克/立方米的要求，是严重超标的年份，其余大部时间也只达到国家二级空气质量标准要求；二氧化氮的年日均值则由1990年的0.025毫克/立方米逐年上升，到2003年时年日均值为0.046毫克/立方米，基本在国家二级标准规定的参数以内。

根据《绿色科技》上登载的张艺的《衡阳市区大气环境质量现状及变化趋势分析》文章可以看到，衡阳市在2006—2010年期间，上述污染物浓度也基本在国家二级标准内，二氧化硫浓度在2007年时达到最高，为0.058毫克/立方米，之后逐年降低；二氧化氮浓度则一直在0.037~0.046毫克/立方米间变动，呈逐年下降趋势。

2011年1月1日环保部发布了《环境空气PM10和PM2.5的测定重量法》，衡阳环境统计开始使用PM10及PM2.5统计数据，随后几年，国家环保部门对重要城市进行污染评级，衡阳市大部分时间在良好这个级别，但期间出现过严重污染的时间段，比如，2015年第一季度，出现过严重污染的情况，2015年1月份中度污染以上的天数超过8天，严重污染天数超过2天。其后，污染程度基本稳定在65微克/立方米左右，到2015年底，污染程度有所下降。

从上面分析可以看出，衡阳的污染情况现阶段趋于平缓阶段，要改变污染情况，加大绿化力度，扩大绿化规模，提高绿化意识，创造良好的环境是一个重要且切实可行的办法。

这几年来，衡阳居民环境意识在不断增强，政府及环保部门加大了环境整治力度，污染处理能力有了提高，特别是每年市区及周边地区绿化力度加大，随着国家治理环境的力度不断加大，相信不久的将来能还青的山，绿的水，蓝的天。

从上面的分析可以知道，衡阳市绿化环境在不断改善，绿化率在不断提高，居民对绿化环境的要求和认识都在提高，通过调查表明，居民普遍认为绿化会对提出居民健康带来好处。

绿化会让人们的身心健康产生很多益处，发展绿化会改善居民生活的环境，让人体在更加舒适与自然的环境中生活，身体健康更容易得到保证。当然，绿化有时也会给人们带来一些不利的东西，比如，在城市污染日益频繁与日益严重的今天，当绿化的密度较大时，由于绿化会阻挡空气流动，不利于污染的快速消散，另外，绿化多，对光线的阻挡作用也是存在的，特别是对一层及二层居民住宅的住户有影响。但这些问题都是可以避免的，如当城市污染不再严重时，对污染的消散问题就不存在，另外，使用合理的植树密度及行间距，也可以有效解决这个问题；对居民区绿化时，与房屋之间保持合理的距离，就可以有效解决遮蔽光线的问题等。

总之，绿化对居民健康的不利影响可以小到忽略不计，但对居民健康有利的方面则不但多，而且重要，经济，有效，因此，大力提倡城镇绿化，可以在最低经济付出的同时，创造优美的城镇环境，改善居民身心健康，提高城市人口的健康指数。

第四章　衡阳乡村旅游现状分析

第一节　衡阳基本概况

衡阳位于湖南省中南部，为湖南省辖地级市，是湖南省域副中心城市，辖5区、5县、2县级市，因地处南岳衡山之南，因山南水北为“阳”，故得此名；又因“北雁南飞，至此歇翅停回”栖息于市区回雁峰而雅称“雁城”。截至2018年底，全市森林覆盖率达48.2%，湘江干流11个监测断面水质全部达到Ⅱ类标准，城区空气质量优良率达86.1%，“衡阳蓝”“湘江绿”成为靓丽名片。

一、衡阳基本概况

（一）地理位置

衡阳位于湖南省中南部，湘江中游，衡山之南。地处东经110°32′16″~113°16′32″之间，北纬26°07′05″~27°28′24″之间。东邻株洲市攸县，南接郴州市安仁县、永兴县、桂阳县，西毗永州市冷水滩区、祁阳县以及邵阳市邵东县，北靠娄底市双峰县和湘潭市湘潭县。南北长150千米、东西宽173千米。衡阳市总面积15 310平方千米。

（二）地形地貌

衡阳处于中南地区凹形面轴带部分，周围环绕着古老宕层形成的断续环带的岭脊山地，内镶大面积白垩系和下第三系红层的红色丘陵台地，构成典型的盆地形势，地理学将此处称之为“衡阳盆地”。衡阳盆地四周山丘围绕，中部平岗丘交错。东部为罗霄山余脉天光山、四方山、园明坳；南部为南岭余脉塔山、大义山、天门仙、景峰坳；西部为越城岭的延伸熊罴岭、四明山、腾云岭；西北部、北部为大云山、九峰山和衡山。市境最高点为衡山祝融峰，海拔1300.2米；最低点为衡东的彭陂港，海拔仅39.2米。

衡阳总体地貌是山地占总面积的21%，丘陵占27%，岗地占27%，平原占21%，水面占4%。中部大面积分布白垩系和第三系红层，面积3550平方千米，构成衡阳盆地的主体。

（三）气候与环境

衡阳属亚热带季风气候，四季分明，降水充足。春秋季较为凉爽舒适，春季更加湿润。冬季冷凉微潮，偶有低温雨雪天气。夏季极为炎热，较为潮湿。年平均气温18℃左右，年均降水量约1352毫米。2018年，全市环境质量总体保持稳定，城市空气质量优良天数301天，优良率83.4%，空气污染综合指数为4.40；PM10、PM2.5年平均浓度分别为66微克/立方米和43微克/立方米。

(四)交通

1. 公路

衡阳是全国45个公路交通主枢纽城市之一，衡阳市境内有107、322国道及数条省道：G4京港澳高速、G72泉南高速、衡邵S80、京港澳西线S61、衡邵高速公路、京港澳复线、南岳高速、衡炎高速公路；娄衡高速纵横交错，市区内在建城市干道有二环路、船山东路、雁城大道、衡西快速干道等这些城市主干道将和已建成的衡云干道、衡州大道、解放大道、蒸阳路、一环西路等形成城市骨架主干道。

2. 铁路

衡阳境内有京广铁路、京广高速铁路、湘桂铁路、湘桂高铁、衡茶吉铁路。规划有安张衡铁路，怀邵衡铁路，安张衡铁路已经正式列入国家铁路规划，成为湖南第二铁路枢纽，与全国绝大部分省市能够通过高铁网络实现“夕发朝至”。

3. 水文与水运

衡阳境内有河长5千米或流域面积10平方千米以上的江河溪流393条，总境长达8355千米，河网密度为每平方千米0.55千米。湘江流经祁东、衡南、常宁、市区、衡阳县、衡山和衡东，从衡东和平村出境，境内长226千米，占湘江里程的39.7%。衡阳港为湖南省八大港之一。境内流域面积在3000平方千米以上的湘江一级支流有舂陵水、蒸水、耒水、洣水。

2018年，全市27个地表水考核断面水质达标率98.5%，湘江干流衡阳段水质年均值达到Ⅱ类标准，13个县级以上集中式饮用水水源地水质达标率100%。主要污染物化学需氧量、氨氮、二氧化硫、氮氧化物排放量同比去年分别削减3.46%、4.78%、10.96%、18.51%。

湘江四季通航，衡阳港常年可通两千吨级轮船通湘江、经长江、通上海并达世界各地。衡阳港丁家桥千吨级码头地处白沙洲工业园，位于湘江南路，正对东洲岛；衡阳千吨级松木港、金堂河港均位于衡阳松木工业园区。

4. 航空

衡阳南岳机场位于衡阳市衡南县云集镇，南岳机场作为国家4C支线机场(按4D预留)及黄花国际机场的备降机场于2014年12月23日通航，衡阳南岳机场拥有一座航站楼，为T1(中国国内)共1.43万平方米；共有一条跑道，跑道长度为2600米；停机坪

3.10万平方米、机位5个。截至2019年3月，共开通国内9通航城市29条航线；2018年，衡阳南岳机场旅客吞吐量、货邮吞吐量、起降架次分别位居全国第105、第127、第123位。

第二节 衡阳乡村旅游业基本情况

衡山伟岸，湘江柔美，衡阳以时代传承的雍容儒雅，博学智慧，敢为人先的恢宏大气，创造了得天独厚的文化旅游资源，成为中国湖湘文化的亮丽名片。余秋雨说："衡阳集宗教文化、学者文化和生态文化三者于一身，这在我去过的城市中并不多见！衡阳是一个很有魅力的城市，我羡慕生活在这里的每一个人！"于丹说："衡阳是一个值得大书特书的地方！这是个文武双全、刚柔并济的地方，在这里文化传承的血脉从未终止过。衡阳是个骨头很硬的地方。"

（一）衡阳旅游业概况

衡阳山川秀美，历史文化悠久，人文、旅游资源丰富多彩，文化底蕴深厚，商业发达。是湖南省历史文化名城湘南政治、经济、文化中心。衡阳市地处湖南中南部，相传"北雁南飞，至此歇翅停回"，故又雅称雁城。衡阳市山川秀美，是文明全国的著名旅游城市，国家工业基地之一，衡阳地区气候迷人，在2012年，被评选为中国特色魅力城市20强，现辖5县2市5区，国土面积1.53万平方千米，自古为交通枢纽、旅游胜地、工商重镇、文化名城，历史文化悠久，旅游资源非常丰富。

1. 衡阳市社会经济情况

据衡阳市统计局提供的数据显示：截至2018年，全市常住人口724.34万人，其中，城镇人口388.32万人，城镇化率53.61%。全市0~14岁人口为136.56万人，占总人口的18.85%；15~59岁人口为457.1万人，占总人口的63.11%；60岁及以上人口为130.68万人，占总人口的18.04%。全市全体居民人均可支配收入25901元。城镇居民人均可支配收入33741元；农村居民人均可支配收入18250元。

2018年，全市实现地区生产总值3046.03亿元，其中，第一产业增加值337.01亿元，第二产业增加值1023.59亿元，第三产业增加值1685.43亿元。按常住人口计算，人均地区生产总值42163元。全市三次产业结构为11.1:33.6:55.3，第一、二、三产业对经济增长的贡献率分别为4.1%、34.9%和61.0%。与乡村旅游相关的各项指标如下：全市国家级非物质文化遗产保护项目6个，省级21个。全市农林牧渔业总产值582.04亿元，其中，农业产值238.86亿元；林业产值51.16亿元；牧业产值200.84亿元；渔业产值51.76亿元；农林牧渔专业及辅助性活动产值39.43亿元。农作物总播种面积820.17千公顷；油料种植面积18.362万公顷；蔬菜种植面积6.138万公顷。粮食总产量335.28万吨。全市农民合作社6513个；家庭农场3768个，人均公园绿地面积达10.71平方米/人，同比上涨6.67%。湖南省油茶产业技术创新战略联盟落户衡阳，为衡阳打造全国油茶第一强市打下基础。(《2018年统计公报——湖南省衡阳市经济运行稳中趋优，为高质量发展迈出坚实步伐》)。

2. 乡村旅游业总体情况

“十二五”期间全市各级旅游行政管理部门进一步加强了行业管理，旅游市场秩序进一步规范，旅游服务质量有了新的提高；举办旅行社总经理岗位资格培训班、导游人员岗位培训等多期旅游管理和从业人员培训班，组织开展导游大赛和“寻找衡阳最美导游”等岗位技能竞赛，开展形式多样的岗位练兵，培育了一大批旅游专业人才和服务明星，旅游服务水平不断提升；在全行业广泛开展“文明机关、文明旅游景区(点)、文明星级旅游饭店、文明旅行社、文明旅游车队、文明导游员、文明游客”等“十个文明”争创和评比活动。

2018年，全市实现国内外旅游总收入643.33亿元，接待国内外游客6927.29万人次。其中，国内游客6917.32万人次，国外游客9.97万人次(表4-1)。

表4-1 衡阳市近五年游客接待及旅游收入

年份	国内外旅游接待人次/万	同比上年增幅百分比(%)	旅游收入/(亿元)	同比上年增幅百分比(%)
2018	6927.29	11.70%	643.33	13.25%
2017	6201.61	43.17%	568.94	56.62%
2016	4331.66	5.78%	361.98	34.77%
2015	4094.8	14.01%	268.59	5.99%
2014	3591.63	7.03%	253.42	17.45%

截至2019年7月，衡阳有上规模的旅游区(点)200余处；国家A级旅游景区29个，其中，5A级景区1个、4A级景区3个、3A级景区21个、2A级4个；有湖南省工业旅游示范点4家：世界钟表文化博物馆、衡阳工业博物馆、啤酒酿造文化参观长廊、大三湘油茶生态文化产业园(表4-2)。

表4-2 衡阳市A级景区一览表

序号	景区名称	所在县(市区)	景区等级
1	南岳衡山旅游区	南岳区	5A
2	衡阳市罗荣桓故居——纪念馆	衡东县	4A
3	蔡伦竹海	耒阳市	4A
4	衡阳石鼓书院	石鼓区	4A

（续）

序号	景区名称	所在县(市区)	景区等级
5	衡阳常宁印山文化旅游区	常宁市	3A
6	衡阳回雁峰旅游区	雁峰区	3A
7	衡南县岐山旅游区	衡南县	3A
8	蔡伦纪念园	耒阳市	3A
9	陆家新屋——衡阳保卫战纪念馆	经开区	3A
10	衡阳抗战纪念城	雁峰区	3A
11	江口鸟洲	衡南县	3A
12	岣嵝峰国家森林公园	衡阳县	3A
13	衡阳奇石文化博物馆	蒸湘区	3A
14	夏明翰故里生态文化旅游区	衡阳县	3A
15	蒸湘区雨母山风景区	蒸湘区	3A
16	宝盖银杏公园	衡南县	3A
17	衡山花果山景区	衡山县	3A
18	珠晖区茶山坳风景区	珠晖区	3A
19	珠晖区双水湾景区	珠晖区	3A
20	祁东县四明山国家森林公园	祁东县	3A
21	衡阳县世界钟表文化博物馆	衡阳县	3A
22	衡山县唐群英故居	衡山县	3A
23	衡东县衡东．白莲风景区	衡东县	3A
24	祁东县御龙湾旅游度假区	祁东县	3A
25	衡阳虎形山国防教育——曲奇岛文化旅游基地	石鼓区	3A
26	衡山农民运动红色旅游景区	衡山县	2A
27	耒阳市党史陈列馆	耒阳市	2A
28	耒阳市农耕文化博物馆旅游景区	耒阳市	2A
29	水口山工人运动陈列馆	常宁市	2A

基本形成了以“吃、住、行、游、购、娱”六要素为主体，具有一定规模和水平的旅游产业体系。住宿接待体系结构日趋形成。大量中低端酒店成功转型，神龙百度、戴斯、君雅洲际等商务酒店不断涌现，7 天、如家、速 8、汉庭等经济型连锁酒店入驻衡阳。目前，衡阳市共有旅游星级饭店 29 家，其中，四星级旅游饭店 7 家，三星级旅游饭店 14 家，二星级旅游饭店 8 家；有旅行社 84 家，其中，五星级旅行社 2 家，四星级旅行社 4 家，三星级旅行社 4 家；注册导游 1035 人，旅游从业人员 10 余万人。

近年来，乡村旅游开发步入轨道，衡阳市精心策划举办了2015年中俄红色旅游合作交流南岳考察及推介活动、珠晖区2014和2015两届乡村旅游文化节暨梨花节、衡阳市首届玫瑰花节、“重走元帅路”大型采访报道活动暨衡东·荣桓映山红乡村生态旅游文化节等系列旅游节会活动。特别是“2015中国·衡阳乡村生态旅游节暨衡南宝盖银杏文化节”受到了中央、省、市媒体的高度关注，产生了广泛而深远的影响。打造了以珠晖区茶山梨园花海、石鼓区角山玫瑰园、衡山萱洲及衡阳县砚山油菜花基地、衡山岭坡乡野莓谷和衡南宝盖银杏园等一大批主题花卉果木观赏为代表的乡村休闲旅游产品和旅游目的地，雁峰区佳园山庄、衡南宝盖绿野芙蓉山庄、梦缘山庄等一批农业休闲项目顺利通过五星级乡村旅游服务区(点)的评定。

目前，有星级旅游乡村服务区(五星级)31个；省级旅游强县3个：南岳区、耒阳市、衡东县；特色旅游名镇4个：衡东县荣桓镇、衡南县宝盖镇、珠晖酃湖乡、庙前镇；特色旅游名村名村14个：蒸湘区雨母乡东阳村、衡山县店门镇白泥村、衡南县谭子山镇工联村、衡阳县曲兰镇湘西村、耒阳市蔡子池街道办事处大金村、蒸湘雨母村、衡东欧阳海村、南湾村、祁东官山村、耒阳汤泉村、南岳水濂村、衡山县涓水村、祁东县新丰村、南岳区黄竹村。衡阳工业博物馆、金甲水师运动拓展基地、双水湾景区等10家单位被纳入衡阳市研学旅行示范基地。

表4-3　衡阳市星级旅游乡村服务区(五星级)

序号	旅游区(点)名称	所属地	评定时间(年)
1	泉水湾休闲度假村	耒阳市	2010
2	衡阳市现代农业示范园	衡阳县	2010
3	烟霞茶院	南岳区	2010
4	岣嵝峰国家森林公园	衡阳县	2011
5	衡阳市珠晖区怡心园度假村	珠晖区	2011
6	衡阳县东方庄园	衡阳县	2012
7	衡东县欧阳海山庄	衡东县	2013
8	祁东县山中生态农庄	祁东县	2013
9	衡南莲湖湾生态农庄	衡南县	2013
10	红叶寨休闲农庄	南岳区	2013
11	颐和山水健康养生乡村俱乐部	雁峰区	2014
12	农旺庄园	衡南县	2014
13	佳园山庄	雁峰区	2015
14	梦缘山庄	衡南县	2015

（续）

序号	旅游区(点)名称	所属地	评定时间(年)
15	绿野芙蓉山庄	衡南县	2015
16	衡阳双水湾乡村文化园	珠晖区	2016
17	衡阳力丰生态农业体验园	珠晖区	2016
18	海棠山庄	珠晖区	2016
19	洣江生态观光园	衡东县	2016
20	衡山县永新生态休闲农庄	衡山县	2016
21	红灿园生态农庄	衡阳县	2017
22	开心家庭农场	衡南县	2017
23	衡阳香樟苑生态农业园	石鼓区	2017
24	星星乐休闲农庄	雁峰区	2017
25	亚皂生态农庄	衡南县	2017
26	锦盈山庄	衡山县	2017
27	金甲乡村户外运动培训基地	珠晖区	2017
28	贤达休闲生态山庄	南岳区	2017
29	圆梦山庄	衡阳县	2018
30	怡康居生态休闲园	蒸湘区	2018
31	周家小院旅游度假区	衡南县	2018

第三节　衡阳乡村旅游模式

乡村旅游是以乡村空间环境为依托，以乡村独特的生产形态、民俗风情、生活形式、乡村风光、乡村居所和乡村文化等为对象，利用城乡差异来规划设计和组合产品，即观光、游览、娱乐、休闲、度假和购物为一体的旅游形式。随着旅游经济的逐步发展，旅游资源被越来越广泛地开发。作为一种社会趋势，旅游资源的开发一方面带动了当地的经济发展，让游客欣赏到旅游资源的美感。人类文明进入 21 世纪，随着生活观念的转变，生活、工作压力的日益增大、日益增长的精神追求及农村人居环境的进一步改变，城市周边乡村旅游逐渐发展兴旺起来。随着人们生活水平的提升和闲暇时间的增多，旅游者之消费观念悄然发生了改变出现了新的发展趋势。人们对回归自然、休闲身心的愿望也与日俱增。就现阶段来看，衡阳乡村旅游的特色主要为农家园林型、观光果园型、景区旅舍型三种。

(一)农家园林型

农家园林性是乡村旅游中最为常见的模式之一，就是农民利用家里现有的盆景、花卉、果树等优势，吸引市民前来吃农家饭、观农家景、住农家屋、享农家乐、购农家物。使得城里人饱尝农家风味佳肴，接受自然风景熏陶，返璞归真，回归自然，其乐融融。九观桥水库周围的农家乐就是这样一种形式。自从水库修建成功后，来水库游玩的人逐渐增多。在游玩的过程中就产生了很多的问题。游客游玩后没有一个落脚的地方，就只能在当地老百姓的家中坐一坐，时间长了以后，当地的农民朋友就从中看到了商机，就把自己的家稍微收拾一下，让来游玩的人在自家休息的同时也可以吃到地道的农家饭。随着时间的推移，农家乐越来越多，农民朋友不再是只提供吃饭和休息了。而是开发出更多的节目。如将自己做的咸菜、新鲜蔬菜和自己做的一些手工品卖给前来游玩的游客等。

(二)观光果园型

观光果园型是集果品生产、销售、休闲旅游、科普示范于一体的新型果园。观光果园以果园景观、果园周围的自然生态及环境资源为基础，通过果树生产、产品经营、农村文化及果农生活的融合，为人们提供游览、参观、品赏、购买、参与等服务；以果品生产为基础，通过对园区规划和景点布局，突出果树的新、奇、特，展示果园的韵律美和自然美，促进果品生产与旅游业共同发展，提高果园的整体产出效益。观光果园将生产、生活、生态与科普教育融为一体，用知识性、趣味性和参与性去实现果树生产的商业效益。例如，衡阳市振兴生态观光休闲农庄就是一个典型的一个以生态开发为宗旨，集绿色无公害蔬果、苗木花卉种植、养殖、旅游休闲为一体的绿色生态园。该农庄以红色景点为主线，农庄按 1:1 比例仿造了韶山冲、延安窑洞、枣园风光；农庄以农林业为主导，大量种植桂花、荷花、桃花，每年举办一次桃花节、荷花节、桂花节；农庄以传统文化为依托，每年新米上市举办一次“尝新”活动。该农庄目前种植珍稀原木及景观灌木花卉约 60 亩，以桂花为主体的景观树木拓展珍稀苗木基地及繁育基地，展示银杏、丹桂、罗汉松、樱花、红豆杉、雪松、观赏桃花等几十种珍贵苗木的栽培技术和园艺生产过程，花卉园以花卉树木培植为主，园区主要种植各种各样的蔬菜如野菜、常用蔬菜、瓜果、辣椒、豆角、玉米等供采摘和园区餐厅所用。农庄中的垂钓园水面 30 亩，建设有一个具有专业垂钓池与特种鱼的养殖塘，池中鱼类丰富，环境优美、设施齐备。从接待配套设施方面，农庄建有较大规模餐饮区，可同时供 500 人就餐。餐厅菜肴大部分使用农业园种植、养殖的优质生态农产品，游客可现采现做，享受具有独特风味的农家菜。

(三)景区旅舍型

顾名思义，景区旅舍型就是在一个旅游风景区附近利用当地农民的房子，稍加装修，将其改造成一个简易的小旅馆。这种小旅馆的定位则是针对中低收入游客，收费相对较低，但必须要保持干净卫生。这样，对于那些中低收入的游客来说，既满足了想到外面休闲放松的愿望，又不至于让旅游的花销太大，承担不起。其中最具代表性的就是南岳景区的农家旅社，这种农家旅社价格大多在30元一晚，游客只要花费居家度日的费用就能够享受到南岳景区自然优美的环境，这种旅游模式受到了广大中低收入群体的欢迎。

一、衡南县旅游产业发展情况

衡南县地处湖南省衡阳市东南部，东界郴州安仁县，南连耒阳市、常宁市，西邻祁东县、衡阳县，北抵衡阳、衡东、衡山县，并从东南西三面环抱衡阳市城区。介于东经112°6′~113°8′，北纬26°32′~26°58′之间，东西最大距离103.3千米，南北最大距离44.5千米，总面积2614平方千米。衡南县气候温暖湿润，属亚热带季风气候，具有热量充足、雨水集中、春暖多变、夏秋多旱、冬寒期短、暑热期长的特征。年均气温17.8℃，年降雨量1268.8毫米左右，全年无霜期为287天。湘江自西南向北流通衡南县全境，并有两大支流蒸水和耒水流经县域大部分乡镇。春陵河上建有欧阳海水库，数百条河港小溪及龙溪桥、双板桥、斗山桥三大湖泊，小二型水库及众多山平塘构成境内水系。衡南县为一凹字形丘陵盆地，地形分为平原、岗地、丘陵、山地。境内最高峰位于东部边缘的天光山，海拔814.9米，最低位于咸塘镇花江村，海拔59米。截至2018年末，衡南县常住人口为92.7万人，其中城镇人口37.48万人，衡南县下辖21个镇、1个乡、1个监狱，实现地区生产总值(GDP)330.37亿元。

2018年，衡南县累计接待游客301.6万人次，增长30.0%，完成旅游总收入28.8亿元，增长19.0%。目前拥有国家3A级旅游景区3个(岐山森林公园、江口鸟洲、宝盖银杏公园)，省级农业旅游示范点2个(谭子山工联村、宝盖镇)，湖南省特色旅游名镇1个(宝盖镇)，湖南省特色旅游名村1个(工联村)，湖南省五星级乡村旅游区(点)7个(近尾洲镇莲湖湾生态农庄、栗江镇青峰湖农旺庄园、宝盖镇绿野·芙蓉山庄、宝盖镇梦缘山庄、云集镇亚皂生态农庄、三塘镇周家小院、三塘镇开心农场)，湖南省四星级乡村旅游区(点)12个(岐山臻园山庄、谭子山镇工联村农家乐、岐山岐峰山庄、江口镇晨华生态园、谭子山镇杨湖山庄、硫市镇兴同发生态农庄、花桥镇滑翔基地、洪山镇天子泉生态农业观光园、栗江镇六合滨水休闲山庄、宝盖镇花果山庄、相市乡蓝天绿地生态农庄、车江片区拾牛峰生态园)，湖南省三星级乡村旅游区(点)2个(车江片区十牛山莊、花桥镇均佳休闲山庄)，湖南乡村旅游"十大好去处"3个("记忆里的乡愁"原味乡村休闲地宝盖镇、老年乡村休闲养生养老基地宝盖绿野·芙蓉山庄、乡村休闲垂钓基地近尾洲莲湖湾生态农庄)。2019年上半年接待旅游人数183万人次，实现旅游综合收入16.33亿元，分别同比增长20%和31%。

二、衡阳县旅游业发展情况

衡南县位于衡阳市西北部，湘江中游，因位于南岳衡山之南而得名，东与南岳区、衡山县交界，南毗蒸湘区、石鼓区、衡南县，西邻祁东县、邵阳市邵东县，北与娄底市双峰县接壤。东西宽74千米，南北长55千米，总面积2558平方千米，距衡阳市区约10千米。京广铁路、怀邵衡铁路、安张衡铁路穿境而过。2018年，衡阳县下辖17个镇、8个乡，常住总人口104.88万人。

衡阳县地处五岭上升和洞庭湖下陷的过渡地带，即“衡阳盆地”北沿。在盆地中心部位沉积着第三系红岩层，厚约3000米。东、北、西三面一系列穹窿带均以中南部红色盆地为轴心，吴环绕排列，构造体态各异。县境物产丰富，有“鱼米之乡”之称，以有色金属著称于世，素有“有色金属之乡”和“非金属之乡”的美誉，是中国南方重要的商品粮生产基地，也是牲畜等农副产品的重要产区。

衡阳县水域面积173.94平方千米，占总面积的6.8%。境内多年平均地表水总量为19.6536亿立方米。地表水主要来自河川。全县长度5千米以上、集雨面积10平方千米以上的河流81条，总长度1227千米。主要河流有湘江、蒸水、武水、演陂水、岳沙河、石狮港、柿竹水、横港水、白鹭港等。衡阳县属亚热带季风气候，温暖湿润，冬暖夏凉。衡阳县境内林木品种有78科312种，其中古老珍稀树种有水杉、银杏、毛黑壳楠、七叶树、青钱柳、黄山栾木、楠木、花桐木、三尖杉、异叶榕、罗汉松、金钱松等。年降水量1452毫米，年平均气温17.9℃左右，1月平均气温4.6℃，7月平均气温30.3℃。

近年来，衡阳县围绕“一寺二湖三山四名人”，推出“名人故里文化游、田园风光体验游、自然山水休闲游”三大产品，加快精品旅游景区建设。以王船山诞辰400周年为契机，打造曲兰“船山文化小镇”；以夏明翰诞辰120周年为契机，打造洪市“红色文化小镇”；以自然资源为基础，打造台源“荷塘月色文化小镇”；以佛教文化为底蕴，打造杉桥“伊山休闲文化小镇”；以大禹文化为依托，打造岣嵝“大禹文化旅游小镇”；以彭玉麟故居为依托，打造“千年渣江、雪帅故里”，沿线开发石市丹霞山、宇石禅寺、万源湖，综合形成“古镇禅寺、丹山碧水”文化山水核心旅游景区。截至2019年7月，全县有国家3A级旅游景区3个，国家级森林公园1个，国家级水利风景区2个，国家重点文物保护单位1个，全国爱国主义教育示范基地2个，全国乡村旅游重点村1个，湖南省红色旅游区1个，湖南省文明风景旅游区1个，湖南省星级乡村旅游区(点)17个，湖南省旅游名村1个，湖南省农业旅游示范点1个，湖南省工业旅游示范点1个，湖南省非物质文化遗产3个，三星级旅游饭店3个。“湖南衡阳船山文化旅游资源”入选2018“中国旅游好资源”发现名录，我县入围“第三批湖南省精品旅游线路建设重点县”，曲兰镇入围“湖湘风情文化旅游小镇”，岣嵝峰国家森林公园获得“湖南省文明风景旅游区”，台源乌莲“湘南意旺”品牌获“湖南老字号”称号，“盛世威得·南岳、威得、WEIDE”手表获得2018湖南省旅游商品大赛金奖，“石鼓江山青花瓷盘”荣获2018湖南省旅游商品大赛入围奖。持续举办“钟表文化旅游节”“油菜花节”，渣江“赶二八”庙会、“界牌火灯节”“船山文化夏令营”“文化和自然遗产日”“世界读书日”“5·18国际博物馆日”“5·19中国旅游日”等主题节会，开展了衡阳县十佳乡村旅游区(点)评选、衡阳县十佳旅游名村评选、衡阳县首届文旅品牌讲解大赛、“纪念王船山诞辰400周年”艺术创作采风等活动。组织县内外旅行社开展精品旅游线路踩线活动，签订“引客入衡”合作协议，打造“魅力衡阳县之旅”“钟表时光之旅”“美丽白石园一日游”“洪市曲兰一日游”“美丽库宗一日游”旅游线路。组织王船山文创产品、南岳限量版手表、盛世钟魁、“心怀天下·表里如一”怀表、天天见梳篦、西渡湖之酒、妈麻糖8个商品参加马栏山文创设计资源及产品大赛。积极对接北京东方园林、上海翼天集团、珠江合创等旅游投资企业来我县考察投资。制定《衡阳县旅游商品开发方案》，推进“蒸阳印象”“蒸阳味道”“蒸阳有礼”“蒸阳好梦”系列特色旅游商品开发，累计注册文创旅游商标121件。与省级以上媒体合作，大力宣传报道我县文旅资源，有效提升了我县的影响力和美誉度。2018年，全县接待游客728.76万人次，实现旅游总收入82.25亿元。

三、衡山县旅游业发展情况

衡山县，隶属湖南省衡阳市，地处湖南中部偏东、湘江中游，因境内有衡山而得名。东临衡东县，南接衡南县，西界衡阳县、双峰县，北抵湘潭县，中部环绕衡阳市南岳区。地理坐标：东经112°27′~112°57′，北纬26°58′~27°28′。南北长54.5千米，东西宽48千米，总面积944平方千米。辖7个镇、5个乡，25个社区、319个建制村，151个居民小组、3235个村民小组。

衡山县位于湖南省中部，湘江中游西岸，环抱南岳衡山，因“五岳独秀”的南岳衡山而得名。衡山县是全省发展战略重点“一点一线”的中心地带，是衡阳市的北大门，紧靠长株潭城市群。314省道横穿东西，107国道、岳临高速、南岳高速、武广高铁(设衡山西站)纵贯南北，京广铁路、京港澳高速、湘江黄金水道傍县城而过。总面积934平方千米，辖5乡7镇，共45.66万人。

衡山是文明古邑。自西晋至今已有1700多年置县历史，素有“文明奥区”的美誉，是湖湘文化的发源地。有九观湖国家水利风景区、萱洲国家湿地公园、萱洲国家森林公园等3个国家级品牌旅游资源，国家3A级景区2个，国家2A级景区1个，省级红色旅游景区2个，湖南省首批湖湘风情旅游小镇1个，湖南省特色旅游名村2个，省五星级旅游服务区2个，省农业旅游示范点1个，四星级宾馆1个、二星级宾馆1个。同时，一批景点已有名气，如西游洞天花果山景区(衡阳市首条玻璃桥)、女权运动先驱——唐群英故居、湖南农民运动纪念馆、康王庙、毛泽建烈士陵园、岳北农工会、九龙峡漂流、文立正故居、野莓谷、紫巾峰、雷钵峰、紫盖峰、衡山竹海、萱洲古镇、东湖幽幽谷、开云镇山竹村、白果棠兴村等一批美丽乡村建设示范村；一批景区正在建设中，如虎山福地文化旅游区、紫盖峰国际旅游度假区、白果矿洞景区、仙逸人间生态旅游区、萱洲华夏湘江国际农业产业示范园、九观湖疗养区、天鹅湖生态艺术村等。

衡山文化底蕴深厚，是湖湘文化发源地、“中国民间文化艺术之乡”“中华诗词之乡”，禹王碑遗址被誉为“中华民族的三大瑰宝”之一，衡山窑名列湖南三大名窑，衡山皮影入选世界非物质文化遗产，岳北山歌是汉族稀少的民歌形式，萱洲古镇入选首批湖湘风情文化旅游小镇。乡村旅游资源丰富，山竹牡丹园、双全白茶园、白果黑葡萄园、能仁猕猴桃园、龙凤沃柑园、沙头冬枣园等初具规模。

四、衡东县旅游业发展情况

衡东县，隶属于湖南省衡阳市，位于湖南东部偏南，居湘江中游的衡阳盆地与醴攸盆地之间。东连攸县，南与安仁县、衡南县为邻，西部是50千米长、400米宽的湘江与衡山县隔水分界，北与渌口区接壤。该县森林覆盖率达到51%，是“全国造林绿化百佳县”。有“鱼米之乡”“皮影戏之乡”“花鼓戏之乡”“剪纸之乡”和“印章之乡”之称，是湖南省截止2014年唯一冠名的“土菜名县”。辖2乡15镇，县人民政府驻洣水镇(原县人民政府驻地)，截至2014年：全县常住人口为729 725人。衡东县位于湖南东部偏南，居湘江中游的衡阳盆地与醴攸盆地之间。东连攸县，南与安仁县、衡南县为邻，西濒湘江与衡山县隔水相望，北与湘潭、株洲接壤，县域面积1926平方千米，地形以丘陵为主，兼有平原和山地。地势东南高西北低，属亚热带季风温润气候，年平均气温17.7℃，雨量丰沛。年均日照1812小时，年均气温18.9℃，年均降雨量1336毫米，相对湿度为78%，年无霜期300天。衡东是全国水利建设先进县，境内河道纵横，水系发达，共有江河溪港169条，其中湘江蜿蜒于县西85.1千米；洣水流贯东西83.9千米，洣河水质优良，达到国家二级水质标准。

2013年，衡东县被省政府授予“湖南省旅游强县”称号，2018年，创评为湖南省精品旅游线路重点县。目前已建成对外开放的有罗荣桓故里景区、白莲风景区、锡岩仙洞、洣江生态观光园、洣水湿地公园、四方山森林公园、欧阳海烈士纪念碑纪念馆、柴山洲特别区第一农民银行旧址、灵山庙、欧阳海山庄等景区景点。县内有国家四星级旅游饭店恒瑞国际大酒店等各类宾馆30多个，有7个旅行社和旅行社服务网点，有旅游定点饭店和土菜名店300多个，有欧阳海山庄、涞江生态观光园等20个省星级乡村旅游服务区(点)。正在建设的重点旅游项目有湘江南温泉、盛和生态农业旅游示范园、枫仙岭生态庄园、旭达大健康国际生态园、涞江生态观光园、洲子园、白莲风景区、德圳水库、潭江渔村、十八潭农耕文化园、胜任果园等。

五、祁东县旅游业发展情况

祁东县因县城在祁山之东而得名，地处衡阳市西南部、湘江中游北岸，西南连永州、桂林，北抵邵东，东邻衡阳。祁东县位于112.12°E，26.78°N，总面积1872平方千米，总人口108万，辖23个乡镇、910个行政村(社区居委会)，是省级文明县城、全国城乡环境卫生十佳县、省农村产业融合发展试点示范县、省新型城镇化试点县、中国黄花菜之乡，也是湖南省目前唯一的"中国曲艺之乡"。祁东气候温和，具有四季分明，作物生长期长，热量较足而不稳定，雨量充沛而季节分配不均等特点。年平均气温17.9℃，降水量1232.9毫米，日照率36%，有霜日16天。祁东县境内地势自西北向东南倾斜，西部四明山脉逶迤，西南部祁山绵延，东北方是广义大云山脉(县城在其脚下)。湘桂铁路、湘桂高铁、322国道、泉南高速公路、210省道、317省道从境内并行而过，素有"湘桂咽喉"之称。

县域内现有旅游景点107个，其中自然景点19个，人文景点88个。3A级景区2个，省五星级乡村旅游服务区(点)1个，省四星级乡村旅游服务区(点)4个，三星级乡村旅游服务区(点)1个，其中乡村旅游景点占75%以上。全县大致划分为五大景区(带)：湘江水域风光带、四明山森林公园景区、风岐坪溶洞群、黄花菜观光旅游带、鼎山—玉合山风景区。著名景点有：四明山国家森林公园、御龙湾休闲度假区、杳湖湿地公园、归阳古镇、状元桥、凤岐坪溶洞群、落排洲、沙井湾古民居、黄花源等。拥有独特的黄花文化、抗战文化、佛教文化、渔鼓文化等，其中赛龙舟，祁剧、渔鼓、盘鼓、秧歌、舞龙灯、耍狮子、等民俗文化、乡土文化地方特色浓郁。

2018年，祁东县旅游总接待人数468.03万人，实现旅游综合收入39.25亿。现有旅游企业37个；1个三星级旅游饭店；2018年统计全县床位数为7784张；9个旅行社服务网点；7个旅游商品企业。

六、常宁市旅游产业发展情况

常宁位于湖南省南部、湘江中游南岸，东隔舂陵水与耒阳市为界，南与郴州市桂阳县相连，西与永州市祁阳县接壤，北濒湘江与祁东县、衡南县二县相望。截至2016年底，常宁下辖14个镇、4个乡、3个街道。境内地势南高北低，大致呈两级阶梯形分布，属亚热带季风性湿润气候。地处北纬 26°07′至 26°36′，东经 112°07′至 112°41′之间。面积 2046.6 平方千米。常宁为中国油茶之乡、杉木楠竹之乡、公交免费城市、全国第二批商务综合行政执法试点县级城市。常住人口 80.5 万人。2018 年 10 月 22 日，入选 2018 年全国农村一、二、三产业融合发展先导区创建名单。2019 年 1 月 9 日，凭借版画入选 2018—2020 年度“中国民间文化艺术之乡”名单。2019 年 3 月 6 日，中央宣传部、财政部、文化和旅游部、国家文物局《中央宣传部 财政部 文化和旅游部 国家文物局关于公布《革命文物保护利用片区分县名单(第一批)》的通知》中，常宁市名列其中。

常宁境内地势南高北低，大致呈两级阶梯形分布，南部是南岭山簇余脉的塔山和大义山，分别呈北东、南北走向，两山之间夹有庙前——西湖的低平谷地，为常宁市与桂阳县交通要道，海拔 1000 米以上的山峰有 16 座，1000 米以下至 100 米的山峰 63 座，群峰巍峨，构成南部的天然屏障，为第一级阶梯；北部的平原，丘陵交错，海拔多在 200 米以下，地形起伏，为第二阶梯。境内地势类型分山地、丘陵、平原三种，其中山地面积、丘陵面积、平原面积分别占常宁市总面积的 37.6%、26% 和 37.4%。

现有上规模的旅游区(点)20 余处，其中 3A 级景区 2 个，2A 级景区 1 个，特色旅游名镇 1 个，全国环境优美乡镇 2 个，国家级重点文物保护单位 1 个，国家级森林公园 1 个，国家级湿地公园 1 个，国家传统村落 12 个，中国景观村落 2 个，星级乡村旅游服务区(点)5 个，旅行社服务网点 11 个。2018 年共接待游客 400 万人次，旅游综合收入 21 亿元。

七、耒阳市旅游经济发展情况

耒阳市位于衡阳市南部，五岭山脉北面，东北邻安仁县，东南及南面连永兴县，西南角与桂阳县接壤，西临舂陵水与常宁市隔河相望，北界衡南县。耒阳市位于湖南省东南部，衡阳盆地南端，五岭山脉北面，东北邻安仁县，东南及南面连永兴县，西南角与桂阳县接壤，西临舂陵水与常宁市隔河相望，北界衡南县。地处衡阳盆地南缘向五岭山脉地过渡地段，地处东经 112°38′~ 113°13′，北纬 26°8′~ 26°43′，总面积 2656 平方千米。下辖 5 乡 19 镇 6 街道，总面积 2656 平方千米。2018 年常住人口 112.79 万人。耒阳为中国四大发明之首造纸术发明家蔡伦的故乡，具有 2200 多年的历史，因地处耒水北岸而得名。同时，耒阳市也被誉为中国油茶之乡。2015 年 9 月，耒阳市成为湖南国土资源省直管县经济体制改革试点县(市)2019 年 3 月 6 日，被列入第一批革命文物保护利用片区分县。

耒阳市地处衡阳盆地南缘向五岭山脉地过渡地段。从东向西，由海拔 478.5 米递降到 70 米；自南向北，由海拔 301 米递降到 70 米；由西南向西北，从海拔 623 米递降到 66 米，形成东、南、西南高，中、西北部低，自东南向西北形成一个波浪式的倾斜面，恰似一个朝西北开口的马蹄形。耒阳市地形较为复杂，山、丘、岗、平地俱全，但岗地、丘陵地貌为主。山地最高点坪田乡元明坳（海拔845米），地势比降19‰，东、南、西南由元明坳、五峰仙、侯憩仙、鼎丰坳、神岭、马仔山等45座海拔500米以上的山峰和165座海拔300~500米的山逢；山地前沿丘陵起伏，海拔200~300米，为市境地的油基地；中部和西北部地势低平，起伏和缓。岗地、平原相间，海拔65~130米左右。市内较大的垌田主要有遥田垌、仁义十里垌、夏塘垌、马水垌、三都垌、高炉垌等15个。全市陆地与水面之比是9.5:0.5。耒阳境内为低山丘陵地带，属于亚热带季风湿润气候，既具有阳光丰富的大陆性季风气候特点，又有雨量充沛、空气湿润的海洋性气候特征。耒阳常年平均日照时数为1608小时。常年平均气温为17.9℃。常年最热为7~8月，平均最高气温34.7℃，极端高温一般年份为38~39℃，最热时市区曾达到40℃。常年最冷为1~2月，平均最低气温为-0.5℃。

现有国家4A级景区（蔡伦竹海）、一个3A级景区（蔡伦纪念园）、两个国家2A级景区（培兰斋、农博馆），培兰斋、蔡侯祠先后成功申报为国家级重点文物保护单位，蔡伦古法造纸技艺被列为国家级非物质文化遗产保护项目，成功申评获得了耒水国家湿地公园、蔡伦竹海国家级水利风景区、蔡伦故里省级风景名胜区、“千年古县”等一批“金字招牌”，并于2013年成功创建湖南省旅游强县，2015年成功纳入大湘东旅游经济带合作联盟，2016年荣获“全国休闲农业与乡村旅游示范县”称号，2018年成功申报第三批湖南省旅游精品线路重点县。2019年成功举办了湖南省春季乡村文化旅游节。2018年全市共接待国内外游958.72万人次，实现旅游综合收入70.18亿元。

耒阳文化底蕴深厚，从秦置县已有2240年历史，从未改名，被誉为“一帝三圣”之地，是炎帝神农创“耒”之地，“纸圣”蔡伦诞生之地、“诗圣”杜甫卒葬之地、“游圣”徐霞客巡游之地。耒阳资源禀赋优越，共拥有资源单体301个，国家4A级景区蔡伦竹海绵延16万亩，为亚洲最大连片竹海；耒水国家湿地公园栖息着200余种、10万余只鸟类，被称为“鸟的天堂”；境内五公仙国家石漠公园、国家级水利风景区等一系列生态旅游景区美不胜收。耒阳市场基础厚实。是全省三座县级中等城市之一，也是全省城区面积最大、城市人口最多的县级城市。经济总量和人口规模在衡阳12个县市区中排第一，有较强的内需，也是重要的旅游基础市场。

八、南岳区旅游经济发展情况

南岳区位于湖南省中部偏东南，湘江之西北的湘中丘陵山区，衡阳市区之北侧，因位处“轸星之翼”“度应玑衡”“铨德钧物”，意谓能称量天地，故南岳山又称衡山，与东岳泰山、西岳华山、北岳恒山、中岳嵩山一起被尊称“中华五岳”。南岳区地处东经112°45′~

112°50′，北纬27°12′~27°40′之间，北至湖南省省会长沙136千米，南至衡阳市区50千米，东至衡山县城15千米，西至邵阳市170千米。全区土地总面积181.5平方千米，其中：中心景区面积达100.7平方千米(一级保护区48.5平方千米，二级保护区52.2平方千米)，是江南最佳赏雪佳处、国家级自然保护区、全省旅游强区。

南岳衡山山体连绵起伏，系以花岗岩断块组成的峰林状的垒形中山地貌。最低海拔80米，最高海拔即主峰祝融峰1300.2米，为衡阳市境内之最高点。南岳具有明显的亚热带季风山地湿润气候特征，并在纬度位置、大气环流及中山地形等因素的互相作用下，形成了独特的气候：四季变化明显，冬长夏短；平均气温低，冬冷夏凉；降雪早、积雪多、冰冻期长；云雾多、湿度大、天气多变，常有山下骄阳、山腰雾满、山顶风雨的所谓“三重天”奇观现象形成；气候垂直分异现象明显，随着海拔高度的增加，气温明显降低。山上全年雾天256天。境内共有景观景点120余处，中心景区面积100.7平方千米，十二大景区(即祝融峰景区、磨镜台景区、忠烈祠景区、藏经殿景区、禹王城景区、五岳溪景区、水帘洞景区、卧虎潭景区、方广寺景区、芷观溪景区、古镇景区、农业观光园)，122个景观单元。我们对南岳自然保护区的41个景点进行评价，结果为：Ⅰ级景点12个，占30%；Ⅱ级景点17个，占41%；Ⅲ级景点12个，占30%。2018年末，南岳区实现地区生产总值(GDP)43.62亿元，常住人口7.08万人。2018年，全区累计接待游客1164.17万人次，实现旅游总收入100.42亿元。2019年9月，入选首批国家全域旅游示范区。

九、雁峰区旅游经济发展情况

雁峰区，位于衡阳市南部，隶属于湖南省衡阳市辖区，原名城南区。雁峰区东临珠晖区，南邻衡南县，西临蒸湘区，北临石鼓区。相传“北雁南飞，至此歇翅停回”，故名雁峰。雁峰区地处衡阳盆地，以红岩丘陵地貌为主，丘陵地形。地貌类型以岗丘为主。全年平均气温18.2℃。雁峰区辖2个乡镇和6个街道。雁峰区地处衡阳盆地，以红岩丘陵地貌为主，丘陵地形。雁峰区地貌类型以岗丘为主。盆地四周高、中间低。盆地的四周有高原或山地围绕，中部是平原或丘陵。雁峰区全年平均气温18.2℃，极端最低气温-1.3℃，极端最高气温为37.7℃。降水多，日照少。属亚热带季风湿润气候区。1月平均温普遍在0℃以上。夏季较热，7月平均温一般为25℃左右。年降水量一般在1000毫米以上，主要集中在夏季，冬季较少。冬夏干湿差别不大。

雁峰区是王船山的诞生地，也是衡阳市的政治、经济、文化中心，古“潇湘八景”之“平沙落雁”“衡州八景”中的雁峰烟雨、岳屏雪岭、花药春溪、东洲桃浪，还有晚清最著名书院之一的船山书院等盛景古迹均分布区内。近年来，该区依托丰富的人文历史资源，不断加快文化旅游融合发展，积极推动文化旅游产业发展。雁峰区以回雁峰、东洲岛、船山书院、中华抗战纪念城、工业博物馆等知名景点为依托，打造了历史人文游、文化地标游、山水绿地游、工业博物游、乡村休闲游、抗战遗址游、商贸娱购游等一批经典文化旅游品牌和名片，为船山故里文化旅游的靓丽版图添加精彩。雁峰区还利用辖区自然风光、人文景观集中的优势，不断加快文物、旧址、民俗民宿的保护性开发，通过举办有影响力的乡村马拉松、健身骑行赛等活动，不断推动文化、旅游、体育深度融合。打造了2688文化创意园、五彩瓷艺等一批集现代休闲、画廊、茶室、陶艺、音乐沙龙为一体的文旅综合产业，成为当地经济发展新的增长点。2018年，雁峰区共接待游客346.53万人次，同比增长39.34%；实现旅游总收入33.78亿元。2019年1~4月，雁峰区各景点接待游客超过120万人次，实现旅游总收入11.53亿元。

十、石鼓区旅游经济发展情况

石鼓区位于衡阳市区西北部，东临湘江与珠晖区隔江相望，南以解放路为界与雁峰区毗邻，西延蒸湘北路至蒸水桥并沿蒸水河而上与蒸湘区和衡阳县接壤，北依107国道前行与衡阳县樟木乡和集兵滩镇相邻，素有衡阳城区“北大门”之称。石鼓区地处衡阳市城区北部，东临湘江与珠晖区隔水相望，西北与衡阳县为邻，南以解放路与雁峰区接壤，西与蒸湘区以蒸湘北路为界。总面积112平方千米。石鼓区属亚热带季风性湿润气候，气候温和，四季分明，雨量充沛，光温资源丰富，年平均气温17.9℃，年平均降雨1300毫米，区内湘江流程10千米，蒸水流程5千米。“石鼓江山锦绣华、朱陵洞内诗千首、青草桥头酒百家、西湖夜放白莲花……”古衡阳八景石鼓占据半壁江山，石鼓因千年学府石鼓书院而得名。成功创建国家3A级景区1个、省研学基地2个、省五星级乡村旅游景点（区）1个、省四星级乡村旅游景点（区）2个、省三星级乡村旅游景点（区）2个，修建生态停车场3个，旅游环线1条。

十一、珠晖区旅游经济发展情况

珠晖区位于湘江以东，总面积234平方千米，总人口36万人，素有雁城“东大门”“后花园”之称，因珠晖塔而得名，位于东经112°34′41″~112°43′54″，北纬26°45′02″~27°01′50″。地处衡阳市东部，东南、东北与衡南县接壤，西南、西北与雁峰区、石鼓区隔湘江相望，北与衡山县毗邻。珠晖区地处湘南丘陵中心，境内有全市最大的内河冲积平原——酃湖平原。一般在海拔500米以下，相对高度一般不超过200米的起伏不大，珠晖区属中亚热带季风湿润气候区，年平均气温18.1℃，降水量1452毫米，无霜期300天。

近年来，珠晖区逐渐形成了三大景点体系。一是“古色”景点。珠晖塔、天子坟、衡州窑址、彭玉麟公馆、申公馆、退省庵等文物保护单位，浓缩了衡阳的历史和文化，正成为全市乃至全省人文历史景观的重要组成部分。二是“红色”景点。湘南学联、省立三中旧址、省立第三甲种工业学校旧址等，演绎着可歌可泣的革命故事，成为重要的爱国主义教育基地。三是“绿色”景点。立足“乡村振兴”战略，围绕城市、服务城市，注重体验化、休闲化、特色化，大力发展现代休闲农业。相继开发了茶山坳风景区、双水湾景区、金甲梨园、金甲古镇、人防拓展中心、海棠山庄等旅游景区景点(其中创建国家AAA级景区2家，国家级休闲农业与乡村旅游示范点1个，省五星级乡村旅游示范点5个，省四星级乡村旅游示范点1个)，葡萄、早熟梨、草莓、礼品瓜、秀珍菇、金甲岭萝卜、花卉苗木等特色产业发展如火如荼，采摘、垂钓、美食、摄影、戏曲、拓展、康养、民宿等文化旅游新业态蓬勃发展。

十二、蒸湘区旅游工作情况

蒸湘区，湖南省衡阳市辖区，地处衡阳市西部，东起蒸湘南北路，西至衡阳县樟树乡和衡南县三塘镇，南接雁峰区岳屏镇和衡南县车江镇，北连蒸水及石鼓区角山乡。蒸湘区是衡阳市的政治、经济、文化中心。衡阳市委、市政府及市直管行政部门大多坐落境内，南华大学、衡阳市高新技术产业开发区及各大科研金融机构云集于此。主要旅游景点有雨母山风景区。湘水流经衡阳北，与蒸水汇合，蒸水河贯穿蒸湘区全境，“蒸湘”由此而得名。2001年4月4日，国务院批准(国函〔2001〕34号)：撤销衡阳市江东区、城南区、城北区、郊区，设立衡阳市珠晖区、雁峰区、石鼓区、蒸湘区。蒸湘区辖原城北区的蒸湘街道，原城南区的联合街道和原郊区的西湖乡(不含五一、建设、友爱、江霞4个村)、湘江乡的杨柳村、岳屏乡的联合、岳屏、北塘3个村以及衡南县的雨母山乡、衡阳县的呆鹰岭镇。蒸湘区位于东经112.477341°~112.60437°，北纬26.804461°~26.957574°，地处衡阳市城区西部，东起蒸湘南北路，西至衡阳县樟树乡和衡南县三塘镇，南接雁峰区岳屏镇和衡南县车江镇，北连蒸水及石鼓区角山乡，全区总面积101平方千米。蒸湘区处于中南地区凹形面轴带部分，周围环绕着古老宕层形成的断续环带的岭脊山地，内镶大面积白垩系和下第三系红层的红色丘陵台地，构成典型的盆地形势。蒸水河属于湘江一级支流，贯穿蒸湘区全境，在城区石鼓公园处汇入湘江，流程全长194千米。蒸湘区属亚热带季风气候，四季分明，降水充足。春秋季较为凉爽舒适，春季更加湿润。冬季冷凉微潮，偶有低温雨雪天气。夏季极为炎热，较为潮湿。年平均气温18℃左右，年均降水量约1352毫米。目前我区共有3A级景区2个，旅行社、分社、网点及研学公司19个，星级乡村旅游点10个，星级饭店6个。

第四节 衡阳乡村旅游优势

衡阳市位于中国中南部中心，地处东经 110°32′16″~ 113°16′32″，北纬 26°07′05″~ 27°27′24″。南北长 150 千米、东西宽 173 千米，总面积 15 310 平方千米。衡阳地区的内部大多都是完整丘陵盆地，土壤类型较多，包括红壤、山地黄壤、紫红土等土壤，该种土壤的适种性很强，植被分布以常绿阔叶林为主，森林覆盖率十分理想，中亚热带季风湿润气候，年降水量约为 1400 毫米，冬季寒冷干旱、夏季温热湿润，在这种气候环境下，为动植物的繁衍了栖息奠定了良好的条件，优越的自然环境是开发乡村旅游的基本前提和本底，更是吸引外来旅游者的核心资源之一。

一、丰富的乡村旅游题材

衡阳市属于典型的盆地形势，处于湖南省的凹形面轴带部分，周围围绕断续环带岭脊山地，整个衡阳盆地呈现出一种南高北低的地势水平，盆地南面偏高、北面偏低，衡阳山脉地势较高，山脉的东西两侧均有通道，通道呈现出南北分布的情况，其中东侧湘江河谷海拔较低，其海拔均低于 100 米。衡阳市东部分布着四方山、天光山、园明坳；西部为四明山、腾云岭、熊罴岭；北部为九峰山、大云山和南岳衡山。在这种地理环境的影响下，衡阳周围的山体呈现出了一种多样化的生态环境，这种多样化的生态环境就为乡村旅游的发展奠定了良好的基础。此外，衡阳境内的河流和湖泊也比较丰富，河流全境总长已经超过 8000 千米。

独特的地理位置，适宜的气候条件，为衡阳的乡村旅游创造得天独厚的乡村旅游环境为乡村旅游的开发提供了良好的环境及基础。旅游乡村题材丰富：从美食来看，有常宁的凉粉、衡阳的唆螺、油圈子等，其中油圈子还上过湖南电视台的美食节目；从植物风景来看，如耒阳、常宁遍布 20 万公顷油茶，可据此发展为以油茶文化节为特色和主体的乡村旅游；如耒阳黄市的竹林，其面积达到 6667 平方米，可以其竹文化为卖点打造成竹林休闲度假区。此外，还将水库、湖泊打造成水上渔猎场、水上乐园、水上移动度假村等。

二、特色鲜明的农业产业

衡阳市湖南省农业大市，湘江、耒水、蒸水汇集，山清水秀，地质地貌与森林植被资源多种多样，地理位置优越，并且有着丰厚的农耕文化，为乡村旅游产业的发展提供了良好的资源支持。气候适宜、土壤肥沃，这就为当地农业的发展奠定了良好的基础，目前，衡阳市已经成为全国文明的商品粮、猪、鱼、油重点生产基地。活大猪、优质稻米、湖之酒、湘黄鸡、龙须草席、云雾茶的盛名享誉海内外。在近些年来，在国家的大力扶植下，当地的农业结构也在不断地进行着优化和调整，截至 2012 年底，衡阳市已经建设成为黄花菜、优质稻、优质柑橘、双低油菜、茶叶、烟草、槟榔、蔬菜等优质农产品的大型生产基地，取得了良好的发展成果。

目前，整个衡阳市农作物播种面积约 7 000 000 平方千米，经济作物以及其他类型的农作物已经实现了连片经营，农业水平得到了迅速的发展，形成以五大产业链为格局的农业经济发展局势，第一条产业链以衡南县、常宁市、衡阳县、耒阳市为基础；第二个是以 322 国道沿线为重点的良种猪产业链；第三个是以祁东县、衡山县为核心的造纸原料产业链；第四个是以衡阳县、常宁市、祁东县为中心的果蔬产业链；第五个是以部分大企业为核心的家禽产业链。这五条产业链相互依托、相互支撑，有效实现了衡阳市农业产业的可持续发展。衡阳是文明全国的油、粮、鱼、猪生产基地，在农业产业结构的调整之下，衡阳地区已经形成席草、优质稻米、黄花菜、柑橘、茶叶、油菜六大优势农业。在饮食环境上，衡阳饮食美味可口、香辣突出，南岳素材也名扬海内外。

近年来，衡阳农业产业化水平得到了显著的提升，龙头企业基本实现传统到加工、从小到大、从初级加工到高精加工发展，科技含量得到显著提升，在改革开放之后，衡阳市已经形成以绿海米业、开福家具、爱平集团、环球饲料、三和食品等为核心的农业产业化企业，此外，衡阳市以培育有带动能力、竞争优势的农民专业合作经济组织作为重点，以局部带动整体，有效促进了专业合作经济组织水平的发展。

在经济水平的发展下，人们面临的生活压力也越来越大，人们越来越渴望回归自然生活，目前，衡阳旅游产业已经得到了一定的发展，这也为乡村旅游的发展提供了一定的条件。

三、完善的交通网络

自古以来，衡阳市就是我国重要的交通枢纽，地理位置极其优越。随着社会经济的发展，如今衡阳的交通条件也获得了飞速发展。衡阳市也被确定为“国家 15 个铁路枢纽及 45 个公路枢纽城市之一”，水上运输方面，湘江上溯潇水，下入洞庭，基本实现四季通航，衡阳南岳机场建设前期工作也已取得重大进展。

衡阳有湘江、京珠高速、京广铁路、衡枣高度、武广高铁在此交汇。东接株洲、安仁、攸县；南临桂阳、永兴；西邻祁阳、冷水滩、邵东、邵阳；北界湘潭、双峰，东西宽为 173 千米，南北长 150 千米，是全国著名的商品粮、肉、油生产基地。衡阳也是农业大市，农业是衡阳经济发展的基础产业，为了促进农业的有序发展，衡阳市委与市政府提出了关于“三个 100 万”目标，出台了农业产业化发展规划、关于扶持农业产业化重点龙头企业的若干规定，进一步促进了衡阳农业经济水平的发展。2009 年，武广高铁的正式开通与运营进一步确定了衡阳“高铁枢纽城市”的交通地位，武广高铁的开通为衡阳的发展提供了新的渠道，到达沿线城市的时间大幅缩小，为衡阳旅游业的发展吸引了更多的客源。武广高铁的开拓改变了衡阳的铁路运输现状与交通运输结构，促进了沿线经济的发展，促进了环长株潭城市群、珠江三角洲、武汉城市群的经济一体化发展。在珠江三角洲产业转型的升级下，劳动密集型产业开始转移，衡阳政府主动承接起这一重任，获得了创新发展与产业调整的有益机会。在武广高铁开通之后，衡阳达到周边城市的时间大幅缩短。此外，106、107、322 国道、湘桂铁路、京广铁路、衡坤高速、京珠高速、“衡—茶—吉”铁路、湘桂铁路等现代化交通干线已经全面开通。衡阳南岳机场也已建成并正式通航，衡阳南岳机场拥有一座航站楼，为 T1(中国国内)共 1.43 万平方米；共有一条跑道，跑道长度为 2600 米；停机坪 3.10 万平方米、机位 5 个。南岳机场自 2014 年 12 月通航以来，已发展到 16 条航线、直飞 29 个城市，形成了“米”字航线网络。2018 年，该机场旅客吞吐量达 81.6 万人次，排名居湖南省第 3 位、全国第 105 位，实现货邮吞吐量 760 吨，在全国同类机场中发展速度最快、增长势头最好、安全运行最平稳，创造了民航发展“衡阳现象”。衡阳俨然成为“内地前沿、沿海内地”，为乡村旅游产业的发展迎来了新的生机。

四、深厚的文化底蕴

衡阳有着 2000 多年的发展历史，积累了深厚的历史文化底蕴，我国四大发明之一——造纸术正是源于衡阳，石鼓书院为我国四大书院首位，湖湘文化的鼻祖——王船山也是出自衡阳。综合而言，衡阳的历史文化底蕴表现在几个方面：

(一)名人文化

在衡阳这片热土上，诞生了著名的造纸术发明人蔡伦、哲学家王船山、新中国十大元帅的罗荣桓、“中华百年女杰”的唐群英、英勇就义的烈士夏明翰、海军奠基者彭玉麟、台湾著名的作家龙应台、著名的言情小说作家琼瑶等大批名人。其中，蔡伦与王船山对于衡阳而言，有着世界性的意义，造纸术解决了竹简和绢帛的笨重与贵重问题，进一步推动了文明的发展，让我国的古代文明遥遥领先于世界其他国家。在美国《时代》杂志中评选出的人类文明史上 33 位最佳发明时，造纸术排在第四位，在影响世界历史发展的百名人物中，蔡伦名列其中的第七位。

(二)大雁文化

大雁文化也是衡阳的代表文化，以张衡的《鸿赋》《二京赋》作为主要的标注，形成于我国的南北朝时期，因此，衡阳也被人们称之为“雁城”。历代的名家也以衡阳的大雁文化作为切入点，留下了大量宝贵的诗歌财富。如王勃的“渔舟唱晚，响穷彭蠡之滨；雁阵惊寒，声断衡阳之浦”、范仲淹的“塞下秋来风景异，衡阳雁去无留意。四面边声连角起，千嶂里，长烟落日孤城闭”。衡阳的大雁文化代表着勇敢进取的精神，是衡阳文化的有机组成部分。

(三)湖湘文化

湖湘文化最早由周敦颐提出，周敦颐的童年正是在衡阳书院中度过，他与衡阳有着很深的历史渊源。而胡安国则是湖湘文化的奠基人，曾经创办了文定书院与碧泉书院，并在衡阳讲学 30 年，培养了大批的杰出弟子。湖湘文化不仅在湖南省内影响深远，其影响力也蔓延到了其他的地区。王船山汲取了湖湘文化的精髓，将湖湘文化推向了新的生面，成为了湖南本土文化的精髓。

(四)名山文化

南岳衡山是五岳之一，有着“文明奥区”“中华寿岳”的美誉，早在 1982 年，南岳衡山被评为第一批国家级重点风景名胜区，获得了“国家 4A 风景区”的称号，是湖南省内的重点黄金旅游线路，南岳衡山对于湖南省旅游业的发展起到了积极的作用。南岳的佛教文化在千年以来都长盛不衰，南岳佛教禅宗有着“五叶流芳”的美誉，直至今日，南岳衡阳依然香火鼎盛，祝圣寺、上封寺、南台寺被评为汉传教全国重点寺院，成为了一道靓丽的人文景观。

总的来说，南岳衡山的人文旅游资源包括这样几个大的类型：

一是祭祀文化。祭祀乃是一种人们对自然崇拜、祖先崇拜、山川崇拜的文化表现形式。衡山的祭祀文化源远流长，是南岳自然保护区最早出现的文化品类之一。目前，南岳衡山最主要的两种祭祀活动是祭祀南岳之神和祭祀抗日阵亡将士。

二是宗教文化。南岳衡山向来都有“宗教圣地”的美称，佛教和道教两家共存一山，共荣一庙，乃是国内外宗教名山中非常罕见的现象。中国的传统哲学与宗教，无论是儒家、道家、还是佛教和道教，都有一种生态倾向，表现出对自然的回归，讲究人与自然的和谐。从这个层面看，南岳衡山森林旅游与传统宗教、哲学在文化上是一致的。①

三是寿文化。我们通常用的祝寿词“寿比南山”也即“寿比南岳山”。传统的许多典籍如《周礼》《星经》《春秋元命苞》《开元占经》《费直周易》《唐书天文志》等，都有将南岳称为寿岳的记载。

四是书院文化。南岳衡山的书院始于唐代，历史上先后出现过 17 所书院，其书院文

---

① 屈中正．森林旅游文化的内涵及其特点[J]．林业与生态，2010，(12)：12－13.

化在宋、明两代发展至鼎盛。五是石刻文化。目前，南岳衡山的山林层峦之间还保存有宋代石刻14处，明代石刻54处，清代石刻27处，民国时期石刻31处，新中国成立后的石刻31处，各种无款署或款署不全的石刻68处，以及牌坊寺观联额石刻共33幅。总之，南岳衡山自然保护区的各种历史文化资源源远流长，使南岳有了“文明奥区”的美誉，也是南岳衡山的森林旅游具有了深厚的文化底蕴。

此外，南岳衡山还会定期举办庙会活动，至今有超过千年的历史，庙会以佛教文化为基础，集齐了旅游、文化、经济、娱乐，贸易等优势资源，在庙会期间，各类衡阳特色的风味小吃、工艺品、名山特产琳琅满目，内容丰富、规模庞大，在湘南一带影响颇大。

(五)民间文化

衡阳民间文化有民间故事、历史传说、乡土文化、民俗民风等，衡阳有着大量的历史传说，如神农创耒、大禹治水、火神祝融等，衡阳还有非常丰富的民间故事，如周敦颐与白莲花、彭玉麟与梅仙。衡阳的乡土文化精彩异常，如衡阳湘剧、衡州花鼓戏、衡阳祁剧、皮影戏、衡阳渔鼓等。其中，皮影戏、衡阳花鼓戏、祁剧、湘剧已经申遗成功，此外，衡阳还有关于饮食、服饰、年节等精彩纷呈的民俗，如衡东土菜等。

(六)抗战文化

鉴于衡阳重要的地理位置，历来都是兵家必争之地，早在三国时期，魏、蜀、吴就曾经在衡阳争雄。在清朝初期，吴三桂在衡阳建立后周。在清朝咸丰年间，曾国藩曾经在衡阳操练水军，因此，衡阳也是湘军的发祥地之一。在1944年，日寇进犯衡阳，第十军与衡阳民众誓死抗敌，歼灭了1.9万名日军，彻底粉碎了日军的战略意图。在抗日战胜胜利之后，衡阳被评为“衡阳抗战纪念城”，是全国唯一被评为纪念城的城市。

五、丰富的生物资源

衡阳南岳衡山自然保护区总面积为11 991.6公顷，森林覆盖率达到78.8%，而且核心区的森林覆盖率高达90.7%。高森林覆盖率造就了衡山多样性的生物资源，植物资源、动物资源和微生物资源都相当丰富，不仅为当地经济社会发展提供了丰富的生产生活资料，也具有重要的科研和观赏的价值，为开展森林旅游提供得天独厚的生物资源优势。

在植物资源方面，南岳衡山自然保护区苔藓植物总计有48科、101属、152种，其中有苔类18科、20属、26种，有藓类30科、81属、126种；蕨类植物总计27科、46属、72种；野生种子植物则总计164科、692属、1 572种，分别占中国中亚热带常绿阔叶林植物属、种的94.15%和57.41%[①]。保护区内有13种国家级重点保护野生植物，其中Ⅰ级重点保护野生植物2种，Ⅱ级重点保护野生植物11种，即喜树、榉树、樟树、闽楠、金钱松、伯乐树、野大豆、花榈木、香果树、毛红椿、绒毛皂荚、南方红豆杉以及篦子三尖杉等。南岳衡山自然保护区所有的这些森林植被构成了7个植被型，21个群系，分别是：①亚热带针叶林（包括马尾松林、杉木林、黄山松林、篦子三尖杉林、金钱松林）；②亚热带常绿阔叶林（包括甜槠林、多脉青冈林、长叶石栎林、水丝梨林）；③竹林（即毛竹林）；④常绿落叶阔叶林（包括甜槠水青冈林、多脉青冈锐齿槲栎林、包石砾锐齿槲栎林、钩栲糙叶树伯乐树林、水青冈长蕊杜鹃林）；⑤常绿阔叶灌丛（即花竹灌丛）；⑥落叶阔叶灌丛（包括美丽胡枝子灌丛、红果钓樟灌丛、茅栗灌丛、圆锥绣球灌丛）；⑦山顶草甸（即野牯草野菊草甸）。

在动物资源方面，南岳衡山自然保护区野生鸟兽类动物资源十分丰富，总计137种，其中鸟类共104种，包括13目33科，广布种16种，古北界26种，东洋界62种；兽类共33种，包括7目16科，古北界7种，东洋界25种。在这些野生动物资源中，有多种珍稀濒危动物，包括国家级保护动物4种，其中Ⅰ级保护动物1种，即黄腹角雉；Ⅱ级保护动物23种，其中哺乳类5种，即穿山甲、小灵猫、大灵猫、林麝和斑羚；鸟类15种，即鸢、红隼、草鸮、白鹇、勺鸡、苍鹰、雀鹰、普通鵟、红脚隼、领鸺鹠、凤头鹃隼、红腹锦鸡、红腹角雉、长耳鸮以及短耳鸮；爬行类1种，即大头平胸龟；两栖类2种，即大鲵和虎纹蛙。此外衡山还有34种湖南省重点保护动物。而据李祖实等人[②]的最新调查，南岳衡山自然保护区目前已有记录的两栖爬行动物共计67种。其中两栖动物共有23种，隶属于2目8科；爬行动物共有44种，隶属于3目9科。大鲵、棘胸蛙、棘腹蛙、虎纹蛙、大树蛙、黑斑蛙和中华蟾蜍属于衡山经济意义较大的两栖爬行类动物。

在微生物资源方面，据统计南岳衡山自然保护区迄今已发现的大型真菌有32科、63属、112种。据相关经济利用情况统计，这些真菌种类中食用菌有55种、药用菌有42种、菌根菌有20种、毒菌有19种、木腐菌则有12种，而其中劈炭棒、霉状木瑚菌和湖南鹅膏等3个属于湖南特有的种类。灵芝、紫芝、灰鹅膏、凤尾菇、平盖灵芝、乳牛肝菌等44种大型真菌是南岳衡山自然保护区的重要经济真菌，不仅具有观赏价值，也具有重要的食用、药用和科研价值。

---

① 彭珍宝．南岳衡山种子植物区系组成及代表类群特征分析——南岳衡山植物区系（一）[J]．湖南林业科技，2012，39（1）：30－37.

② 李祖实，莫言炜，谷颖乐等．南岳衡山国家级自然保护区两栖爬行动物资源调查与分析[J]．湖南林业科技，2010，37（1）：20－23.

七、良好的旅游客源市场

衡阳乡村旅游产业兼具旅游业与农业的特征，不仅吸引着众多的城市居民与青少年群体，还可以为农民提供技术与经验的学习场所，有着良好的旅游客源市场。衡阳乡村旅游产业的目标客源以城市为主，衡阳城镇人口有 361.01 万人，城镇居民人均可支配收入为 26 515 元，城镇居民人均消费性支出 17 592 元。这给以城市居民作为主要客源的乡村旅游产业提供了更大的发展市场，且在武广高铁开通之后，武汉、广州等城市的游客大幅增加，乡村旅游市场前进十分乐观。

八、政府的政策支持

(一)休闲农业协会

早在 2006 年，湖南省就成立了专门的休闲农业协会，根据国家相关规定确定了休闲农业的发展布局模式和发展重点，制定了一系列的政策，有效促进了湖南省休闲农业的发展。经过了 8 年的努力，协会的影响力已经辐射到了全省，在同行中有着良好的口碑，也得到了社会的肯定。近年来，有多个考察团到湖南省进行考察，国家也将湖南省列为乡村旅游产业的重点发展省份①。

(二)良好的政策扶植

衡阳政府针对乡村旅游产业的发展制定了一系列的政策，并将各种政府落实到了各个部门之中，并鼓励企业开展乡村旅游产业，引导第二产业与第三产业的资金进入到乡村旅游产业中，注重发挥出农民群体的主观能动性，这对于乡村旅游产业的发展是十分有益的。

早在 2007 年，衡阳市就已经指定了《关于加速发展休闲农业的通知》，明确了相关发展政策，想在关键的问题就是将所有的措施落实到相关部门，以实际工作为出发点，实施市场化运作。不仅鼓励休闲农业的发展，还引导将社会中的第二产业与第三产业资金引进休闲农业中，鼓励农民回乡创业，注意发挥出农民的主导地位，这既能够促进农村经济发展的稳定性，也可以促进休闲农业的可持续发展。

(三)强大的资金支持

近年来，衡阳市政府鼓励大众创业、万众创新，推进中小企业公共服务平台建设，加

---

① 苏章全，明庆忠，廖春花．休闲度假旅游目的地复杂系统及其反馈模型分析[J]．北京第二外国语学院学报．2011(01)．

大对本土企业的支持和培育力度，引导中小微企业走“专精特新”发展之路。推动工业化和信息化融合发展，引进智能装备和成套设备，打造智能化工厂。推进国家信息消费城市试点，加快引进电商旗舰企业，大力发展电子商务，促进移动互联网、云计算、大数据与传统产业跨界融合①。自从“359”旅游重点项目工程实施之后，蒸湘区母山投资共计 1.7 亿元，珠晖区投资共计 1.1 亿元，南岳核心景区投资共计 3.9 亿元，万源湖投资共计 6500 万元，为衡阳乡村旅游产业的发展提供了强大的资金支持。

衡阳市乡村旅游产业在整个湖南省内有着非常重要的地位，根据十二五计划的相关规定，衡阳属于本阶段的重点旅游城市，其中，衡东县、南岳区、衡山区都被纳入重点发展范围，南岳衡阳则被纳入世界级重点旅游区域，同时，南岳成为了湘南风光带与宗教文化的有机组成部分，蔡伦故居为国家重点旅游区域，这为衡阳市乡村旅游产业的发展奠定了良好的基础②。

九、良好的旅游产业发展背景

（一）国际旅游产业发展形势大好

旅游业作为全球的朝阳产业，在世界经济持续稳定发展、人民经济收入和闲暇时间不断增多、旅游需求旺盛的背景下，目前已成为世界发展规模最大的产业部门，世界旅游总产值已占 GDP 的 12%~17.2%。据世界旅游组织统计，2006 年的世界旅游以 7.8% 的速度增长，世界旅游业理事会预计 2010—2020 年，中国旅游业每年将以 9% 的速度增长，相当于国内总值的 5%，已成为亚洲第一旅游大国，这为衡阳市乡村旅游产业的发展提供了良好的机遇。

（二）湖南省旅游产业进入快速发展时期

“楚地”历史、文化源远流长，湖南境内既有优美的森林景观，又有由山川、河流、天象等景物构成的自然奇观，以及众多名胜古迹。湖南森林具备优越的自然生态环境、良好的森林游憩条件、舒适的生活养生环境等基本条件。全省森林旅游资源不但丰富，而且品位高。湖南植被丰茂，四季常青，有森林和野生动物类型自然保护区 120 个、森林公园 113 个、国家级湿地公园 27 个；森林覆盖率达 57.5%，高于世界 31.7% 和全国 21.6% 的平均水平。“十二五”期间，湖南接待国内旅游者由 2010 年的 2.03 亿人次增长到 2015 年的 4.73 亿人次，增长 133%；实现国内旅游收入由 1368.54 亿元增长到 3659.96 亿元，增

---

① 金霞．旅游产业转型机制与趋势——一个基于中国休假制度改革的案例[J]．经济问题探索．2009(11)．

② 杨春宇，黄震方，毛卫东．旅游地复杂系统演化理论之基本问题探讨[J]．中国人口．资源与环境．2009(05)：123－130．

长 167. 44%。接待入境旅游者由 189. 87 万人次增长到 226. 05 万人次，增长 19. 05%；旅游创汇由 8. 8 亿美元下降至 8. 6 亿美元，降低 2. 27%。旅游总收入由 1425. 8 亿元增长到 3712. 9 亿元，增长 160. 40%，年均增长 21. 06%；旅游总收入相当于全省 GDP 的比例由 8. 97% 增长到 12. 78%，提高 3. 81%。A 级景区由 2010 年的 157 家增加到 292 家，其中，5A 级景区由 2 家增加到 8 家；工农业旅游示范点由 110 家增加到 162 家，其中，国家级 15 家；旅行社由 701 家增加到 848 家，其中，出境游组团社由 24 家增加到 51 家，进入全国百强旅行社达到 7 家；五星级饭店由 17 家增加到 21 家，四星级由 60 家增加到 72 家，华天酒店集团跻身全国酒店企业集团前 20 强。

在近十年内，衡阳市连年旅游增速都在 10% 以上。“十二五”期间，全市累计接待国内外游客 18 978 万人次，较“十一五”总数增长 328%。其中国内游 18 893 万人次，增长 286%，入境游客 85. 6 万人次，增长 271%。旅游综合收入累计达 1090. 1 亿元，旅游外汇收入 3. 85 亿美元，分别增长 319% 和 280%。游客接待总量、旅游综合收入和产业发展增幅均位居全省前列。2015 年旅游总人数共计 5046. 8 万人次，总收入 306. 8 亿元，已占到全市 GDP 的 11. 8%，比“十一五”末提高 4. 6%。2014 年以来衡阳市游客接待及旅游收入情况见表 4-4。

表 4-4　衡阳市近五年游客接待及旅游收入

年份	地区	国内外旅游接待人次/万	同比上年增幅百分比(%)	旅游收入/(亿元)	同比上年增幅百分比(%)
2018	衡阳市	6927. 29	11. 70	643. 33	13. 25
2017	衡阳市	6201. 61	43. 17	568. 94	56. 62
2016	衡阳市	4331. 66	5. 78	361. 98	34. 77
2015	衡阳市	4094. 8	14. 01	268. 59	5. 99
2014	衡阳市	3591. 63	7. 03	253. 42	17. 45

第五节　衡阳乡村旅游存在的问题

一、体制发展薄弱，产业受到制约

衡阳乡村旅游产业的经营管理机制还不健全，旅游部门与交通、国土、文化、农业、水利部门的沟通不足，对乡村旅游产业缺乏宏观的调控，管理效率还有待提升。衡阳乡村旅游经营人员在用地手续和指标的限制下，影响了社会融资与质押贷款工作的顺利开展，这已经成为干扰乡村旅游产业的一个突出因素。此外，目前的衡阳乡村旅游多依托农业设施，很难取得营业执照与特种行业许可证，旅游从业人员也多为农民，他们缺乏科学的经营管理意识，旅游创新性不足。此外，在法律制度上，衡阳乡村旅游产业的相关规范也不健全，与其他地区相比，衡阳关于乡村旅游立法还存在缺失，除了对全市的“农家乐”制定管理规范之外，其他的产业还缺乏完善的技术与管理规范。由于法律与管理上的缺失，衡阳乡村旅游出现游客权益难以保障、经营者无法可依的问题。

二、民间积极性高但缺乏政府宏观引导

从乡村旅游的资源来说，衡阳是湘菜的典型代表之一，被誉为土菜之乡，随着立体交通网络的构建，人们生活水平的提高，衡阳已经构建了依托便捷的交通优势的乡村旅游框架。但是，就现阶段来看，衡阳地区对于乡村旅游的开发存在着盲目性和无序性的特征，资源整体利用率低，难以满足游客的需求。据统计，截至2007年衡阳市乡村休闲场所80家，只占到全省的3.2%，年经营收入也只占全省的3.4%，与衡阳市的经济和社会地位不符。如果与省内兄弟城市比较，则可发现我市在休闲农业发展方面已明显显落后。缺乏引导必然是无序发展，结果是恶性竞争。以农家乐为例，几乎所有的农家乐都只提供棋牌、垂钓、土菜等，而无结合地域特点的特色服务项目。造成农家乐层次低，没有竞争力，导致生命周期短。更有部分经营这是在看到人家靠搞休闲农业富起来，在未进行可行行研究、资源评估、客源评估等的基础上单纯模仿别人的模式仓促上马，造成了低水平开发，必将影响衡阳休闲农业旅游的可持续发展。

三、基础较好但产业发展相对滞后

衡阳因其具有九省通衢的便利交通，且钟灵毓秀、人杰地灵，自古以来就是国内重要的旅游目的地。进入20世纪90年代，衡阳旅游的地位有所下降，但仍处于仅次长沙，与张家界并驾齐驱的地位。但在进入大众旅游时代后，湖南各地都高度重视旅游产业，发展旅游的积极性也空前高涨，各地都把发展旅游产业作为一项重要工作来执行。在湖南省旅游产业中占据前两位的长沙、张家界近年来一直保持着20%以上的增长速度，周边邵阳、郴州、株洲、永州、娄底、怀化、湘西等地的增长速度更快，远超于长沙和张家界的增长速度。与这些地区相比而言，衡阳地区旅游业的增长速度并不够理想。衡阳的旅游产业总收入24.5亿元，仅位居全省第五位，这与衡阳的地理位置、旅游资源的丰富程度严重不匹配，衡阳的旅游业发展与自身的人文底蕴相比，特色乡村旅游名片缺乏载体。

四、缺乏科学规划，资源开发滞后

衡阳乡村旅游产业的发展自主性较强，缺乏科学、系统的规划。衡阳大型特色乡村旅游项目还需要进行进一步的开发，已经开发完成的衡南县宝盖镇、衡山县岭坡乡、衡东县

荣桓镇、常宁市西江村、耒阳市黄市镇、珠晖区茶山坳镇、南岳区红星村、石鼓区角山乡、蒸湘区雨母山乡等也缺乏系统的规范。在休闲农家乐的设计上，项目雷同问题严重，缺乏齐全的配套设施，布局不科学，还没有实现精密化的经营，旅游开发盲目性和无序性的问题依然严重，这无疑进一步限制了衡阳乡村旅游资源的开发与利用。

近年来，衡阳市旅游产业总值及其占全市国民经济比重不断增加，这就在侧面证明了衡阳的旅游业得到了迅速的发展和壮大。与湖南其他地区旅游产业相较而言，其旅游产品的开发也体现出了一定的滞后性，这种滞后性主要表现在以下几个方面[①]：

（一）乡村旅游精品景点的数量严重不足

人们一提到衡阳旅游，只能想到南岳衡山这一经典线路，南岳旅游这种单一的旅游的局面仍未改变。就现阶段来看，衡阳市的 A 级景区共有 12 个，但 4A 级以上精品景点仅仅只有南岳衡山 1 个，排名远低于全省各市州。衡阳市的主要旅游景点普遍存在规模小、开发深度不够、吸引力不够等特点，无法形成精品线路。由于缺乏典型带动，衡阳的乡村旅游的从业人员与旅游参与者也出现了本土化的现象，不能通过精品带动规模效应。

（二）经营手段创新性严重不足

旅游产品多元化的需求决定其应多样性，除了具有观光型旅游产品外，还要有迎合游客需要的参与型、体验型休闲旅游产品及具有竞争力的文化型、运动型、度假型等旅游产品。目前衡阳市的旅游产品基本都是观光型，结构单一，无法对对旅游者产生吸引力，这就直接导致游客不会花费较长的时间停留在衡阳地区，更不会花费过多的金钱，难以对地区经济的发展起到应有的推动作用。

（三）旅游商品缺乏应有的特色

旅游商品可提现一个旅游城市的成熟度。但在衡阳市更多的大路货倾销，而没有可以提现衡阳特色，具有深厚文化底蕴、有收藏价值及便于携带的高端的旅游商品，根本无法满足广大旅游爱好者的需求。

五、开发形式单一，无法满足需求

衡阳现有的乡村旅游产业主要以娱乐、观光和度假三种形式为主，品尝、购物、务农、疗养型的乡村旅游模式很少。在旅游内容的开发上，雷同问题十分严重，目前，衡阳多数乡村旅游企业缺乏挖掘民俗风情的意识，缺乏论证与规划，对于乡村旅游产品的开发，多集中在住农家院、吃农家饭的活动上，再配以棋牌等基础服务，难以满足游客多元

---

① 钱益春，彭嵋逸，邹宏霞．湖南休闲农业旅游开发策略初探[J]．安徽农业科学，2007(9)：2711－2712.

化的旅游需求，很难对游客产生吸引力。因此，游客也不愿意花费过多的时间与金钱停留在衡阳，无法对衡阳地区的经济发展起到促进作用。此外，在现有的乡村旅游产品上，文化内涵不足，对于负有衡阳乡土气息的民俗风情、特色饮食、民居建筑、乡村节庆资源的开发和加工力度不足，没有充分彰显出乡村文化的品位，多数乡村旅游是由农民自身城建，在服务模式上的创新性不足。衡阳现阶段乡村旅游代表类型见表4-5：

表4-5　衡阳乡村旅游常见类型示意表

旅游类别	代表类型	特点
参与体验型	南岳衡山农家乐	针对学生群体的烧烤、陶艺制作、跑马灯项目
观光观赏型	祁东黄花菜、耒阳油茶林、衡阳乌莲	观光水鱼、生猪养殖，蘑菇的培育、芦荟的栽培，品尝彩色玉米与彩色红薯
民俗节庆型	南岳寿文化节、耒阳农耕文化节、衡东土菜节	利用传动地方节日带动周边旅游
休闲度假型	衡东锡岩仙洞、蔡伦竹海度假村、南岳衡山度假村	健身、休闲、住宿、游乐、垂钓、疗养度假、抚育、栽培、水上观鱼、摸鱼、喂鱼、打鱼

六、缺乏专门性企业与人才，景点对接能力偏低

当前，衡阳地区对于乡村旅游在进行不断开发，但处于自发状态，缺乏整体上的宏观规划，导致开发存在着较大的无序性和盲目性，更有部分经营这是在看到人家靠搞休闲农业富起来，在未进行可行性研究、资源评估、客源评估等的基础上单纯模仿别人的模式仓促上马，造成了低水平开发。

缺乏有实力的旅游企业集团和专业性人才。衡阳旅游企业普遍“小、散、弱、差”，缺乏有实力、集团化的规模运作。以旅行社为例，全市四星级旅行社(年营业收入达到3000万元及以上)仅3家。此外，全市旅游企业中高端人才稀缺，员工总体素质不高，导游数量偏少，且层次偏低，其中中、高级导游不足40人，外语导游不足30人，粤语、客家话导游更加少，严重滞后于旅游业快速发展的需求。旅游车与长沙相比也存在很大的差距，长沙有旅游车500多台，张家界有旅游车600多，衡阳的非定线运营的旅游车只有20多台。由此可见衡阳的接待水平与长沙、张家界已无法相提并论，完全无法满足需要。

衡阳的旅游配套服务能力比较落后。我们把时间截至2013年，衡阳旅行社(含分公司)有64家、星级饭店35家(表4-6)。还没有旅行社进入国家“双百强”，也没有中外合资或外商独资旅行社落户衡阳。其中四星级酒店7家、三星级酒店20家。相比之下，长沙有各类旅游企业近500家，其中旅行社199家，旅游星级饭店84家，旅游景区(点)19家，乡村旅游企业1657家，旅游星级农庄144家，国家级农业旅游示范点5家，省级农业旅游示范点6家，省级工业旅游示范点2家，省级茶业旅游示范点1家。全市旅游住宿

接待单位4558家，床位14万多个，从业人员51 051人。共有喜来登、豪廷等10个旅游国际品牌落户长沙，形成了结构合理、高低搭配的良好旅游接待格局①。张家界目前旅行社有70余家，其中近20家是国际旅行社，三星级以上酒店有47家。由此可见衡阳的旅游接待能力不能与长沙、张家界相比，相对于湖南省其他城市在某些方面也存在薄弱环节。

表4-6 湖南省主要城市酒店情况比较(时间截至2013年)

项目	长沙	株洲	湘潭	衡阳	张家界	常德	岳阳	郴州	湘西	怀化
星级酒店数量	84	17	10	35	47	46	39	23	57	32
四星级酒店数量	21	2	3	7	5	4	5	4	2	10
五星级酒店数量	12	1	1	0	1	0	0	1	0	2

七、城市旅游功能不强，国内市场覆盖面不广

衡阳的城市建设没有旅游的结合一起，导致衡阳城市游游功能不强，如没有国际会展中心、商业步行街等；城市配套设施也相对落后，居民素质有待提升，法律意识有待提高。还需要大力营造旅游氛围。

从来衡阳旅游的游客结构来看，国内客源占主体是衡阳本土、长沙、湘潭、娄底、邵阳、株洲、郴州、永州和珠三角游客。这就说明衡阳旅游市场还有待进一步开拓。作为有中华五岳之一的南岳衡山5A景区的衡阳应该定位于以长江以南为主的中国市场，而现实就是除了珠三角有一定的市场之外，其他市场基本是空白。这主要原因在于衡阳旅游市场营销力度和产品组合程度不够，缺乏精品路线。

八、重视发展规模，忽视生态保护

随着旅游经济的发展，我们愈加重视旅游资源的开发，通过各种途径的宣传让更多的游客来衡阳旅游，提高衡阳各个旅游景区的游客数量，获得巨大的经济效益。在片面追求旅游经济发展的同时，不可避免地在很大程度上忽视了对生态的保护。

第一，较大规模与资源破坏之间的对等。基础建设规模越建越大，对山体或者资源的破坏也就显而易见，建筑高楼就会破坏植被，植被的破坏就影响着整个南岳的生物链，对于植被的生长都有较大的负面影响。

第二，环境保护设施的不健全。对于正常的酒店来说，都需要要较完善的排污系统，确保污水、废渣等顺利排出，不导致当地环境或者水的污染。但是就目前来看，南岳景区

① 长沙市“十二五”旅游业发展规划[EB/OL]. 长沙旅游政务网，http：//www. csta. gov. cn/service/gov_11725. html.

的酒店缺乏必要的排污系统，即便是有排污系统，也是为了应付上级的检查，没有实用价值。这就导致酒店每日排出的废水都流到了景区内，对于当地的水污染和大气污染都有重要的影响。

第三，超负荷的游客数量。每到旺季，游客数量就远远超过了南岳风景区能够承载的范围和数量。相关的负责部门采取的主要措施应该是限制游客的数量，但是在实际发展中，往往为了增加经济收入，大家任游客前往。这种只片面注重经济效益而忽视旅游资源开发中生态保护的行为，对南岳生态及人文旅游资源的可持续的发展和利用造成了严重的负面影响。

第五章 衡阳乡村旅游县域经济分析

在现代化的旅游产业之中，几乎所有的旅游活动都会伴随着一定的消费行为，因此，旅游产业的发展不仅能够带动各个地区旅游产业链的发展，也能够从整体上带动整个地区经济水平的增长。旅游业属于新型的综合产业，内部具有极高的关联度，旅游产业的发展是一种多方位的全面发展，这不仅要求有关部门与企业提升旅游产品的质量与档次，也要根据旅游产业的发展增加新的部门与企业。

一、县域经济的相关理论

（一）县域经济的概念

县域经济即以县为中心，以市场发展为指导，对当地资源进行优化配置，功能完备，具有显著地域特色的区域经济。目前，县域已经成为我国最具独立性与完整性的行政区域。县域经济不仅是国民经济的基础，也是解决“三农”问题的重要平台之一，县域经济的发展能够很好地缩短不同地域之间的经济差异，解决就业难的问题，也能够扩大内需，增加投资，调整经济发展的结构①。

与大城市而言，县域产业的发展有着较大的不同，要实现经济上的飞跃，必须立足与县域自身的优势，几种主要力量发展优势产业，这样，不仅能够实现县域资源的优化配置，也能够很好的提升县域的综合竞争力。在我国县域经济发达的沿海与东部地区，已经形成了市场规模庞大、专业特色显著的优势产业集群，在一些经济发展水平偏低的地区，很多县域也将发展的重点放置于优势产业之中，这都可以在短期内改善当地的经济面貌②。

县域经济，即以县级行政区域为地理空间，以县级政权主体为调控主体，是市场经济发展为综合导向，功能完备、具备地域特色的区域经济。县域经济并非是一种封闭的经济，是一种开放性的经济，县域经济虽然是建立在县级区域基础上形成，但是又有着与之不同的地方。在市场经济的发展下，县域经济要想得到行之有效的发展，必修突破传统县级区域的约束，在更大的范围和区域中进行资源配置，接受国家宏观经济的调控。实际上，县域经济这一理论并非近几年才出现，这一概念在我国已经有多年的历史③。县域经济发展模式的内容包括以下五个方面：

---

① 龚绍方．县域旅游产业集群化发展规划初探[J]．地域研究与开发．2008. 27(6).

② 梁雪松．区域旅游合作开发战略研究——以丝绸之路区域为例[M]．北京：科学出版社，2009：44.

③ 丁培卫．近30年中国乡村旅游产业发展现状与路径选择[J]．东岳论丛，2011(7)：114－118.

第一，技术结构。县域经济的技术结构即县域各个部门在技术层次的相互组合，技术结构是县域经济工艺技术水平和装备发展水平的重要体现，我国地大物博，各个地区经济发展有着较大的差异，因此，不同县域的经济状况与技术水平也有着一定的差异，从这一层面而言，技术结构是不同县域经济发展模式的标志。

第二，产业结构。县域产业结构，即县域经济不同部门与产业部门内部构成和组成的具体情况及其之间相互制约与相互结构之间的联系，县域产业结构作为县域生产力的主要运行载体，也是资源配置的方式，直接影响着县域经济的发展水平。

第三，资源结构。资源结构即在特定地域范围中不同资源要素之间的配套与相互组合，资源结构是县域中区域产业机构演变的基础，同时也是县域区域各项产业发展的基础条件。县域只有凭借其特有的资源优势，发展单一资源为主体，多种产业共同发展的产业链。

第四，所有制结构。所有制结构即一定的时段下各类经济成分为整个经济发展中的地区、作用于相互关系，由于各个地区的县域结构不同，因此，其在所有制结构上也表现出较大的不同。有的县域经济发展以私营经济、个体经济为主；有的县域经济发展则以国有经济和集体经济为主；有的县域经济则以混合所有制经济为主①。

第五，市场结构。县域经济的市场结构就是市场中商品交换关系的总和，商品的交换必须借助市场的发展，在实际的发展模式下，有些县域经济发展模式主要面向国际市场，有的县域经济发展模式则面向国内市场或者区域市场。

（二）经济增长与经济发展的关系

1. 经济增长

经济增长与经济发展虽然字面意思类似，但是两者却是两个完全不同的概念，其内涵与价值取向都是不同的，经济增长偏向于数量上的概念，主要针对不同阶段投入变化与产出数量的增长。经济增长包括由于生产效率提升带来的产品增加以及扩大投资获取到的增产，对于经济的增长主要使用“GDP”“GDP 增长率”与“人均 GDP”来表示，而经济增长的方式主要使用质量的改善、数量的增加等概念来表达。

2. 经济发展

经济发展的内涵比经济增长更加的丰富，经济发展强调整个系统从简单到复杂、从小到大、从低级到高级的变化，是一个量变到质变的概念。经济发展中不仅包括生产要素产出的变化，也包括分配体系、产品生产技术的变化，其中涵盖的内容包括分配、就业、效率、消费、结构、质量、动力、生态、环境等多个方面，包括各个环节的社会进步过程，

① 钱益春，彭嵋逸，邹宏霞．湖南休闲农业旅游开发策略初探[J]．安徽农业科学，2007(9)：2711－2712.

其核心价值就是以人为本。

3. 二者的关系

虽然经济增长与经济发展有着一些区别，但是两者之间也有着密切的联系，从理论上来分析，经济发展是经济增长的有一种结构变化，同时，经济增长也是社会经济发展的基础，没有数量上的变化就不会发生质量上的变化。在现实生活之中，经济效益的增长就反映出了经济的发展，但是，如果经济增长的效益发生变化，那么此时的经济增长就是一种无发展的增长。如果经济的增长影响了社会结构的平衡或者人类的生存质量，那么此时的经济增长就是一种倒退。

任何一个国家或者地区，如果不顾国民经济的发展而一味追求经济的增长，就会导致国民经济的发展出现失调的现象，如果情况较为严重，甚至会出现经济大起大落或者社会动荡的情况，因此，一定要意识到，经济增长只是经济发展的手段，经济发展才是经济增长的根本目的。

(二)县域经济发展模式的类型

我国地大物博，幅员辽阔，县级行政区的数量众多，截至2012年底，我国县级行政区已经达到2862个，这些县级行政区分布在不同的地域，在各种因素的影响下，各个地区县域经济发展条件也存在着各种不同，发展基础也存在着较大的差异，东部与沿海地区经济发展基础明显优于中西部地区。在实际的发展过程之中，很多县域在资源方面有着一些相似之处，从这一层面而言，县域经济的发展既有较大的不同，但是也存在着一些共性。就产业结构上进行划分，县域经济的发展模式包括以下几种：

①农业主导型　一种专业经营与规模化经营的战略，我国中西部地区的县域多采取农业主导型的发展模式[①]。

②发展企业型　发展企业型县域即充分地发挥出地域的客观优势，鼓励各类企业的发展，鼓励特色化的发展方向，该种模式现阶段下也取得了良好的经济效益。

③经济联合型　经济联合型县域采取的是一种联动发展的模式，即县域与县域之间的联合，经济联合型的发展模式能够的弥补不同县域中存在的弊端，实现县域经济的综合发展。

(三)县域经济的分类

在社会因素、人文因素、历史因素、自然因素以及地理因素的影响下，我国不同地区县域经济的发展存在着较大的不平衡，这种不平衡不仅表现在经济指标的差异上，也表现

---

① 钱益春，彭嵋逸，邹宏霞．湖南休闲农业旅游开发策略初探[J]．安徽农业科学，2007(9)：2711－2712.

在发展阶段上，根据县域的发展阶段以及结构特征，我国县域经济可以分为以下三种类型：

(1)二、三类产业为主导的县域

二、三类产业为主导的县域即二、三类产业对县域经济的发展起着主导作用，二、三类产业为主导的县域不仅有着充分的劳动力，同时也大量吸引了外来的劳动力，在我国经济的发展之下，进口贸易与出口贸易也得到了迅速的扩展，很多县域企业也逐渐地融入全球经济的产业链之中，这对于县域经济的发展有着极为深远的影响①。

(2)农业强县

农业强县并非粮食单产高、总量高的县域，而是市场农业发育成熟的县域，一般在农业强县中，农业结构都有了一定的调整，瓜果种植、蔬菜重视、畜牧养殖、水产养殖等产业已经得到了非常完善的发展，有些县域已经培育出了极具地方特色的农业产品。还有一些县域的农副产品已经逐渐突破地方市场，深入至大中型城市市场甚至国际市场之中，形成了一条完善的农业产业链，将农产品由传统的弱势产业转化为强势产业。

(3)工业小县与农业弱县

工业小县与农业弱县二、三产业的发展水平较为缓慢，农业内部的结构也不科学，在经济发展的过程中农副产品的生产或者基础产业的加工占据着主导地位，但是其水平并不科学，在农业发展方面，经济作物与新型养殖业的发展速度缓慢，优质粮食品种很少，这就导致当地农民增收增产速度慢，地方财政紧张，就目前来看，我国中部与西部地区的很多县域都处于这样的发展状态。还有一部分县域不仅二、三产业发展速度极为缓慢，且生态系统遭受到了严重的破坏，自然环境与地理环境恶劣，这类县域地域偏远，对外贸易的成本高昂，长期依靠政府的补贴，难以脱离贫困。

县域经济是一种实证性较强的经济实体，不同地区县域的竞争力不同，要想促进县域的经济增长，必须发展特色的县域产业②。

(四)旅游产业发展与县域经济增长之间的相互联系

1. 旅游产业的概念与发展

旅游产业即为满足旅游者各项需求，由旅游客源地与目的地通过各种形式组成的一种有机整体，旅游产业涉及的内涵十分广泛，整个产业中不仅包括旅游景区、旅行社、旅游饭店等为游客提供直接服务的企业与管理部门，也包括餐饮业、运输业、娱乐服务业、零售业、信息咨询产业等为旅游者提供间接服务的企业与管理部门，可以看出，旅游产业具

---

① 邹统钎．乡村旅游推动新农村建设的模式与政策取向[J]．福建农林大学学报，2008(03)．

② 马翀炜．文化符号的构建与解读——关于哈尼族民俗旅游开发的人类学考察[Z]．民族研究：2006.

有复杂性、综合性、系统性与层次性的特征。

从全球的范围来看，旅游产业最早发展于第二次世界大战之后，当时，旅游业逐渐在各个发达国家中兴起，旅游业的发展不仅可以有效促进各国经济的繁荣，也为各国间的友好协作奠定了基础，对于维护世界和平有着极为重要的作用，因此，旅游业也逐渐的受到各个国家的重视①。我国有着源远流长的文化，但是将旅游业作为一项新兴的开发产业的时间并不长，在1978年，党的十一届三中全会确定了当前阶段下现代化建设为发展的首要任务，在改革开放理论的指导之下，我国的旅游业也逐渐呈现出欣欣向荣的生机，截至2012年底，我国旅游业已经取得了举世瞩目的成就，在2013年1月10日，国家旅游局局长邵琪伟公布，在2012年严峻的国际形势以及国内经济的压力之下，我国旅游业坚持稳中求进的发展策略，接待国内旅游共计29亿人次，我国2012年全年旅游业总收入约为2.57亿万元，同比增长率高达14%，在很大程度上推动了我国经济的发展，2012年我国国内旅游消费已经占到消费总量的9%，增加就业岗位50余万。目前，我国许多省市都已经将旅游业作为经济发展的支柱性产业，当前我国旅游业的繁荣与政府的政策以及社会各界的努力息息相关②。

旅游产业是我国县域旅游的重要组成部分，即县级行政单位利用本土优势，用旅游产业的发展带动当地经济发展的经济体系与经济产业链。县域旅游产业是一种包含饮食、交通、住宿、导游等服务的综合服务体系，主要由县域内部的旅游服务、旅游资源以及客源构成。

可以看出，县域旅游属于县域经济与区域经济的有机组成部分，县域经济的发展是一种包含技术创新、经济增长、福利提供、结构升级的宽泛过程，因此，县域旅游产业的发展不仅表现为当地的旅游收入与接待人数的增加，同时也表现在旅游产业质与量上的提升。国家旅游局的有关资料显示，在我国范围内2000余个行政县(区)中，有很大一部分县区在旅游业的发展上表现出了较高的热情，也取得了一些初步的发展成就。

2. 县域旅游与县域经济发展之间的关系

在现代化的旅游产业之中，几乎所有的旅游活动都会伴随着一定的消费行为，因此，旅游产业的发展不仅能够带动各个地区旅游产业链的发展，也能够从整体上带动整个地区经济水平的增长。旅游业属于新型的综合产业，内部具有极高的关联度，旅游产业的发展是一种多方位的全面发展，这不仅要求有关部门与企业提升旅游产品的质量与档次，也要根据旅游产业的发展增加新的部门与企业。旅游产业对县域经济增长有着较大的促进作用，这主要表现在以下三个方面：

---

① 江立华，陈文超．传统文化与现代乡村旅游发展[J]．湖北大学学报(哲学社会科学版)，2010(1)：92－96.

② 黄丽．大城市边缘区发展乡村旅游的SWOT分析[J]．科技和产业，2007(7)：32－34.

（1）县域旅游产业的发展能够促进县域产业机构的调整

旅游产业有着一定的特殊性，需要多种行业与部门的相互配合才能够完成，旅游者来自于不同的地域，有着多种多样的消费需求，为了更好地满足旅游者的需求，旅游地必须提供足够的物资与设备，因此，旅游产业具有较大的关联性。县域旅游产业的发展能够很好地推动第一、二、三产业的发展，在相关产业的发展下，旅游者也能够获得更加便捷的条件，这样就形成一种良性循环，促进县域经济的蓬勃发展。

（2）县域旅游产业的发展能够提升就业率，增加农民收入

县域旅游的景点大多在农村与山区之中，在旅游业的发展下，农民能够通过开办餐馆、旅馆以及加工和销售旅游附属产品的方式实现增收。此外，旅游产业的发展能够带动相关企业的发展，这样就能够提升当地农民的就业率，是解决“三农”问题的重要渠道之一。

（3）县域旅游产业的发展能够提升人口素质

旅游产业的发展不仅可以促进县域经济的发展，还能促进县域社会文化水平的提升。在旅游产业的发展下，大批的外来旅游者也会带来新的观念与文化，这就会在无形中对县域居民产生影响，这类影响虽然也包括积极与消极的影响，但是积极的影响远远大于消极影响，其中最为有利的影响就是可以提升居民人口的素质。与此同时，县域旅游产业的发展会为当地带来大量的资金流、人流、信息流与物流，也能够提升当地的知名度，从而达到一种一举两得的效果。

总而言之，县域旅游已经成为中国旅游业的重要组成部分，县级旅游城市的数量也远远多于地级旅游城市，很多县域旅游收入也超过了当地 GDP 的 10%，种种事实表明，县域旅游产业在促进我国经济的发展方面有着其他产业无法替代的重要作用。与此同时，县域经济对于县域旅游产业的发展也有着深刻的影响，经济的发展能够为旅游产业提供设备、资金等物质保证，在现阶段下，我国很多县域通过工业与农业的发展促进了县域经济水平的提升，这些县域有着良好的环境，因此，在经济水平的提升下，其旅游产业也得到了迅速的发展。

（五）乡村旅游资源开发与衡阳地区经济发展的关系

经济发展与旅游资源开发是一种相辅相成的关系，生态资源一旦得到挖掘，利用是最为关键的因素，乡村旅游资源开发与衡阳地区经济发展的关系主要表现在以下几个方面：

1. 衡阳地区经济发展与乡村旅游开发的关系

衡阳有着优越的地理位置，一直以来都有“江南内陆腹地通衢”的美称，是古代的军事战略要地与物资集散中心，是“内地前沿、沿海内地”，在全国范围内进行分析，衡阳市位于广州、桂林、武汉交叉辐射地带，在各类因素的影响下，衡阳市俨然已经成为广东与广

西地带的咽喉，这对于促进乡村旅游产业的发展有着十分积极的效益。

在旅游产业的发展下，衡阳地区乡村旅游产业呈现出一种蓬勃的发展趋势，虽然起步较晚，但是乡村旅游景点的开发已经初见成效。

旅游业属于高度分散产业，是由不同性质、不同地点、不同类型的企业组成，其影响力与经济作用是非常显著的，远远超过了农业、钢铁工业、汽车工业等传统产业，从这一层面而言，旅游业的基本性质就是经济性。

2. 衡阳地区经济开发工作中乡村旅游的定位

在区域定位上，衡阳地区属于南方重点旅游城市，衡阳地区一直以来都是南方的交通枢纽，不仅有着优美的自然风光，还有着丰富的宗教文化资源、深厚的文化底蕴，以南岳衡山为例，此地与东南亚地区和港澳台有着深厚的渊源，是著名的宗教圣地。而衡阳地区其他的景点也有着优美的环境，是旅游者的理想旅游胜地。

在产业定位上，衡阳市政府非常注重旅游产业，将其纳入重点发展范围，旅游业已经成为衡阳地区发展的重点支柱性产业，其中，南岳衡山是全省重点世界级景区、蔡伦故居成为国家重点旅游景区，江口鸟洲被纳入省级重点乡村旅游资源范畴中，以上的种种对于衡阳地区乡村旅游产业的发展都有着显著的推动效果。

在客源市场定位上，衡阳地区乡村旅游产业发展的客源主要针对湖南与周边其他省份，立足于港澳台与东南亚市场，开拓华东市场与华北市场，这是由衡阳地区地区定位、资源特点与市场几个角度决定。从整体上看来，衡阳地区最富有吸引力的就是宗教文化、历史文化名人(名城)、乡村旅游、瑶族风情、探险旅游，很多游客都对以上几种旅游方式特别是乡村旅游方式有着浓厚的兴趣。

在功能定位上，从旅游主体功能而言，衡阳旅游生态产业注重发展风水名胜的生态休闲功能、古城的历史文化功能以及南岳衡山的宗教文化功能，从功能定位而言，衡阳乡村旅游发展的是一种全国性休闲养生与宗教旅游为主的度假功能。

3. 发展衡阳乡村旅游产业的意义

(1)乡村旅游的直接效益和间接效益

近年来，人们的生活水平得到了迅速的提升，对于旅游产业的需求也越来越强劲，乡村旅游成为了人们休闲、科技示范、文化传承、创意的载体，乡村旅游产业可以将第一产业、第二产业与第三产业有机结合起来，将生态景观用多元化的形式展示出来，还可以带动交通运输、农产品加工、人文创意等产业的发展，是促进广大农民增产增收的有效手段。

从2013年统计结果来分析，衡阳市人口已经超过了七百万人，但是人均耕地面积却仅仅只有0.78亩，低于全球平均水平，要想提升土地的附加价值，完全依靠传统模式是无法实现的，而发展乡村旅游产业正是促进农民增产增收的重要手段，从这一层面而言，发展乡村旅游产业是发展旅游产业链，带动配套产业发展、促进农民增收的有效方式，可以很好的改善当地居民生活质量。

此外，截至目前，衡阳市农产业还是采用种植业与养殖业结合的模式，以家庭作为单位，耕种模式落后，农民劳动强度大、时间长，农产业的发展也会受到人力因素、气候因素的影响，投入产出比也不理想，从事第一产业的生产力数量多于第二产业和第三产业（表5-1），因此，在此基础上发展乡村旅游产业，是稳定农业发展的有效方式。

表5-1　近年来衡阳第一、第二、第三产业产值对比示意表（数据截至2014年年底）

年份	国内生产总值（亿元）	增速	产业	增加值	GDP占比
2009	1168.02	14.7	第一产业 第二产业 第三产业	240.5 500.4 427.2	20.6% 42.8% 36.6%
2010	1420.34	15.1	第一产业 第二产业 第三产业	264.42 645.73 510.19	18.6% 45.5% 35.9%
2011	1746.44	14.2	第一产业 第二产业 第三产业	302.88 842.93 600.03	17.3% 48.3% 34.4%
2012	1957.70	11.8%	第一产业 第二产业 第三产业	322.89 949.51 685.30	4.3% 13.2% 13.5%
2013	2169.44	10.2%	第一产业 第二产业 第三产业	338.41 1039.42 791.61	2.8% 10.7% 12.8%

（2）满足人们对于生活品质的要求

在经济转型时期，人们的消费意愿变得越来越强，这对于乡村旅游产业的发展是一个利好消息，消费者信息指数稳定，是人均收入提升、低通胀率、政府政策共同影响的结果，从表5-2中可以得出，虽然国内消费者消费指数升高，但是满意度并不高。2014年衡阳市人均可支配收入18 546元，位列全省第四，同时，人们的工作与生活压力较大，大家渴望能够通过旅游放松自己，乡村旅游产业既能够满足人们的旅游渴望，还可以放松身心，因此，发展潜力是非常大的。

表5-2　2014年国内消费者信心指数对比示意表

日期	预期指数	满意指数	信息指数
1月	100	99.8	99.9

（续）

日期	预期指数	满意指数	信息指数
2 月	99. 6	99. 7	99. 6
3 月	109. 4	104. 7	107. 7
4 月	107. 6	105. 2	106. 7
5 月	106. 7	104. 5	105. 7
6 月	111. 5	103. 3	108. 2
7 月	111. 9	96. 3	105. 7
8 月	110. 5	97. 8	105. 2
9 月	108. 8	95. 3	10. 5
10 月	106. 4	91. 7	100. 6
11 月	101. 8	90. 7	97. 1

总而言之，旅游产业的发展对于县域经济的增长有着极大的促进作用。在人们生活水平的提升之下，旅游产业得到了十分蓬勃的发展，尤其是县域旅游产业的发展让人们找到了新型的旅游方式。衡阳是湖南省重要的旅游城市之一，位于湘桂铁路与京广线的交汇位置，有着十分优越的地理位置，在武广高铁开通之后，其县域旅游产业又迎来了新的发展机遇。除了地理位置以外，衡阳地区农村生态环境优美、民俗底蕴深厚、可开发的旅游题材也十分的丰富。此外，在经济水平的发展下，衡阳地区人均军民可支配收入不断地增加，截至 2012 年底，居民人均可支配收入已经达到 15 161 元，消费能力得到了较大的提升，这就为衡阳地区县域旅游产业的发展提供了强有力的保障。

但是，从衡阳地区县域旅游产业发展的现状来看，也存在着较多的不足，政府对于旅游产业的开发缺乏整体的规划，这就导致一些企业与个人存在着盲目开发与低层次开发的情况，对生态环境的破坏情况也较为严重，开发的整体规模也较小，缺乏特色。此外，虽然衡阳地区有着十分丰富的文化底蕴，但是挖掘水平还不够深入，整体接待能力不足。

为了促进衡阳地区县域旅游产业的发展，在以后的发展过程中必须要注意以下几个方面的问题：

首先，要扩大旅游规模，打造品牌。衡阳县域旅游资源十分的丰富，市场广阔，但是与长沙、张家界等地区相比，开发程度较为落后，在后续的开发过程中，必须坚持市场导向，开发出适宜游客基本需求的旅游产品，此外，要做好旅游产品的研发工作，突出衡阳地区的特色，坚持走品牌化战略，这样才能够提升衡阳地区县域旅游产业的市场竞争力。

其次，要将旅游产业的发展与三农问题相结合。就现阶段来看，衡阳地区城乡发展的差距还较大，在开发旅游产业的过程中，可以将其与问题相结合，积极的借鉴其他地区的发展经验，建立出一种可持续化的发展模式，同时，也要加强对当地人力资源的培养，聘请专家学者进行培训，从根本上提升县域旅游产业的综合水平。

再次，要极强旅游人才与服务人员的培训。人才是第一生产力，旅游产业同样如此，就衡阳地区的情况来看，人才机制并不完整，很多旅游人才流失严重，为了改变这一现状，应该建立起科学的人才引进机制，适当提高高端人才的待遇，加强对旅游从业人才的培训，不断提升其专业技能水平与服务意识，为县域旅游产业的发展奠定坚实的人力资源基础。

最后，改善交通设施与旅游环境。在下一阶段下，还要改善各个辖区的路网建设工作，加大对重点旅游景点的资金投入，在失去主要路段中加设旅游车辆，提升发车频率，建立完善的交通网络，为县域旅游产业的发展奠定良好的交通环境。

第一节　衡阳发展乡村旅游的机遇与挑战分析

“十二五”期间，我国旅游业进入大众化的全面发展阶段，面临更加有利的发展环境和发展条件，同时一些深层次矛盾也更加凸显。随着城市进程的加快，高速交通体系的完善，信息化在旅游业普及应用等使旅客的旅行、居住和相关消费变得更加方便。这些都为旅游的发展提供有力的支撑。

一、衡阳发展乡村旅游的机遇分析

(一)契合我国旅游业发展时代机遇

在1978年，党的十一届三中全会确定了当前阶段下现代化建设为发展的首要任务，在改革开放理论的指导之下，我国的旅游业也逐渐呈现出欣欣向荣的生机。2013年1月10日，国家旅游局局长邵琪伟公布，在2012年严峻的国际形势以及国内经济的压力之下，我国旅游业坚持稳中求进的发展策略，接待国内旅游人次共计29亿，我国2012年全年旅游业总收入约为2.57亿万元，同比增长率高达14%，在很大程度上推动了我国经济的发展，2012年我国国内旅游消费已经占到消费总量的9%，增加就业岗位50余万。近年来，在经济的发展下，已经形成了快捷的交通体系，加上我国有悠久的文化历史和灿烂的山川文化，这就进一步增加了国外游客来中国的旅游欲望，我国逐渐成为国外游客青睐的旅游目的地。衡阳以南岳衡山核心景区扩容提质为契机，规划建设“南岳衡山旅游经济区”，打造集福寿文化、宗教文化、饮食文化及生态文化于一体的区域性旅游目的地和国际文化旅游著名品牌。

(二)契合国家产业结构调整发展机遇

乡村旅游是近年来一种新兴的旅游模式，在农业和旅游业中均具有特殊功能，受到社会各界的关注，特别是对城市边缘区尤甚，其在城市边缘区优化产业结构、提供生产岗位及安置失地农民就业等方面具有重要作用。截至2012年底，我国已经有28个省、市、自治区将旅游业作为当地经济发展的支柱性产业，这就在一定层面上说明，由政府为主导的旅游产业格局已经基本成型。

在社会经济的发展下，人们的收入水平也越来越高，与此同时，人民对于需求层次要求也不断提高，旅游消费也逐渐引起了人民的重视。在此过程中，人们对于旅游的需求也不仅仅局限在传统的观光和游览中，而更加关注旅游的文化性、参与性和娱乐性。集生态、度假、保健、科普等为一体的休闲旅游必将成为未来旅游的主旋律。主要表现在以下几个方面：第一，旅游动机从传统模式下的观光旅游，转化为现阶段下的集度假、生态、文化以及体育等方面的一种多元化的休闲旅游；第二，旅游活动的组织方式也更加的灵活多样，在人们收入水平的提升下，私家车的比例也逐年上升，因此，自驾游、家庭游等旅游方式也受到了人们的欢迎；第三，对旅游活动行程的安排也原来越灵活，很多人都热衷于短线的旅游，城市周边游也日益受到了人们的热捧。

(三)衡阳乡村旅游业面临的主观机遇

数据显示，每年人们的节假日时间达到了114天，人们拥有了更多的旅游时间，同时伴随着居民消费思想的转变与人均收入的增加，旅游业已经成为人民生活中的重要内容。由于城市化进程的加快，城市人口数量增多，人们的生活与工作节奏加快，环境污染日益严重，有限的城市公园已经无法满足人们的旅游和休闲需求了，越来越多的城市居民渴望回到乡村中返璞归真，回归自然，这就为衡阳乡村旅游业的发展提供了主观上的发展机遇。

(四)地方经济的发展使乡村旅游的支持力度空前

湖南省委省政府将旅游产业的发展提到了经济发展的日程上，专门根据湖南省的具体情况制定了完善的发展措施，在国家和地方政府政策的支持下，湖南省的旅游业得到了进一步的繁荣。此外，在全国旅游产业排名中，湖南省于2010年首次进入全国前十名。在全省旅游旅游产业快速发展的同时，省领导也时刻关注和关心衡阳旅游产业的发展。湖南省旅游局邀请了国家旅游局专家来衡阳进行调研和指导工作。近年来，南岳衡山成为国家首批5A级旅游区，湖湘文化系列景点初步形成等，更令人振奋的是衡阳市获得“国家优秀旅游城市”称号。近期在湖南旅游“251”工程中的20个省级重点项目中，衡阳地区就有三个项目列入其中，这就也为衡阳旅游的可持续发展提供了基础。衡阳市的城市规划也将城市的生态效益和人居环境放在首要位置，在城市边缘区中也开辟了绿色隔离带，这也为开展特色的休闲乡村旅游带来了新的旅游资源。

第二节 衡阳发展乡村旅游的挑战分析

在“十二五”期间，虽然衡阳市的旅游发展环境将不断改善，但衡阳市的旅游业仍然面临空前的挑战。

（一）旅游者需求的变化

在人们收入水平的日益提升下，对于旅游的需求也呈现出一种多元化的需求局势，旅游消费也越来越呈现“日益差异化”。主要表现在以下几个方面：第一，目的地选择的多元化，由于前些年旅游行业并不规范，对于旅游产地的监管也不规范，这就导致旅游地给游客造成一种脏、乱、差的感受，在这种影响下，大众对旅游目的地的选择更加多样化，除了著名的成熟的旅游景点外，近年来以景区周边型、城市郊区型和特色村寨依托型等为代表的乡村旅游也日益受到关注。第二，旅游产品的需求多样化。旅游者的经济条件、文化素养、职业习惯等都直接的影响到游客对旅游产品的实际需求，因此为了满足不同阶层游客的需求，必要提供多样化的旅游产品。但目前衡阳市乡村旅游产品类型太单一，难以满足旅游者的需求。

目前，衡阳乡村旅游表现出旅游产品初级化与人们旅游需求高级化的矛盾，衡阳乡村旅游产品整体水平不高，结构类型单一，无法满足各类型旅游者的需求。提供的旅游产品主要为初级产品，缺乏完善的旅游项目支持，对于乡村文化资源的开发不足，在原生态旅游内容的开发上，滞后性严重，导致游客二次旅游率低。要进一步促进衡阳乡村旅游产业的发展，必须要弄清楚旅游者真正渴求的内容，并针对此来调整乡村旅游产业的结构与类型。

（二）旅游内涵粗浅带来的特色品牌的挑战

衡阳市的乡村旅游虽然取得一定的成绩，但不可否认的是没有形成特色，而是低水平重复，无法形成精品路线，限制了其内涵建设。此外，城市边缘区并不能称之为纯农村地区①。在这些地区，居民的生活作息习惯已经受到了城市的影响，传统农耕方式、生活方式以及民俗文化并不是一种纯粹的农村文化，加上剩存的弱势农业文化也逐渐地被工业文明所取代，因此，旅游产品的开发缺乏应用的内涵。

---

① 邹统钎．乡村旅游推动新农村建设的模式与政策取向[J]．福建农林大学学报，2008(03)．

(三)周边省市的竞争带来的整体提质的挑战

周边省市农业旅游的发展也十分迅速，并且有的已经形成品牌。与省内兄弟市(州)相比，衡阳市仅有 80 多家休闲农庄，远少于长沙市的 1000 多家，甚至明显低于株洲市的 180 多家。在发展水平上差距更加明显，衡阳市仅有 5 家休闲农庄通过湖南省旅游休闲农业协会评定并认定的五星级休闲农庄(含乡村旅游的企业)，长沙则有 19 家，甚至邵阳市和湘潭市也分别有 6 家和 5 家，可见衡阳市的城郊型乡村旅游与休闲农业总体已不占优势，甚至和长沙等先进地区有巨大的差距，与衡阳市丰富的休闲农业资源和客源市场极不相称。激烈的竞争势必对衡阳市农业旅游的发展造成威胁。在 4A 级以上景区与国家级农业旅游示范点上，衡阳也并不突出，见表 5-3。

表 5-3 湖南各个重点地区景区情况

项目	长沙	株洲	湘潭	张家界	衡阳	湘西	怀化
4A 级以上景区/个	14	6	3	11	2	5	1
国家级农业旅游示范点/个	6	1	1	1	0	0	1

(四)旅游环境不完善带来的资源优化挑战

好的旅游环境是旅游相关产业可持续发展的根本条件之一。现代意义上的旅游环境主要包括两个方面：一是投资者面临的经营环境，好的经营环境才可吸引大量投资者，否则则可能无人愿意投资的尴尬情况；二是旅游者身处的人文环境，实际上，一种优良的旅游环境本身就是一种竞争力，能够为旅游地带来大量的旅游者，并可口口相传，更多的旅游者慕名而来。

1. 经营环境因素

尽管近年来衡阳的旅游环境的竞争力方面取得一定的进步，也具有一定的竞争力，但不可否认的是旅游环境仍亟待加强。其中经营环境方面存在的问题主要表现在以下几个方面：一是为了促进旅游产业的发展，国家也出台了一系列优惠政策，规定宾馆酒店可以享受与工业企业水、电、气同价，但衡阳市政府并没有贯彻落实好该项优惠政策，甚至物价部门明确发文取消该优惠政策，严重打击了投资者的信心和热情；二是保健按摩行业是目前休闲旅游产业的重要组成部分之一，在大部分旅游城市其用水价格一直是受到优惠照顾的，但在衡阳市却执行的是“特种行业”的水价，明显提高了相关产业的服务成本，该成本必然转嫁到消费者，限制了该行业的发展；三是酒吧也是休闲旅游相关产业之一，衡阳市一直征收的高达 40% 的酒吧营业税，严重影响了行业的可持续发展和广大旅游者的消费热情；四是没有考虑到旅行社行业的特殊性，征收的税率明显高于长沙等地，严重打击了旅行者的积极性。

2. 人文环境因素

衡阳市的旅游环境与长沙差距较大，甚至与郴州、岳阳、常德等市也有着较大的差距，因此，必须要在改善旅游环境上痛下决心并积极改善旅游环境。目前衡阳市的旅游，特别是乡村旅游大多还处在自发和自助阶段，经营者普遍存在自我销售意识不强。在营销过程中普遍存在媒介宣传缺资金，节事营销缺等两大问题。因此，衡阳的旅游营销必须改变观念，踏实向长沙、张家界学习，在宣传长期大量媒介宣传的情况下，注重节事营销，常换常新，办出亮点，增加旅游目的地的吸引力。解决以下问题：一是国家和省市均有明确的警察查房的相关规定，但执行无法完全到位，公安部门查房过于随意，造成游客安全感严重缺乏；二是查扣旅游车辆的情况时有发生，严重影响旅游者情绪和行程，也必然引起游客对旅游目的地的不认可；三是旅游景点的旅游咨询体系严重缺失，常给游客造成极大的困扰，需及时补充咨询中心、引导标识等；四是车站脏乱差现象仍较严重，且存在严重的拉客、宰客和的士拒载等问题。

3. 人才因素

近年来，衡阳的高等教育发展迅速，职业教育也取得很大的发展，但是衡阳缺乏旅游类人才的专业培养，中高等教育每年输送的旅游类人才不足 300 人，由于衡阳地区缺乏吸引人才的措施，就导致很多的专业人才都流向了一线城市以及沿海发达城市，很少有人才愿意在衡阳发展。因此，在未来阶段下，衡阳必须要完善人才激励机制和引进机制，以便为旅游产业的发展奠定良好的人力资源基础。

(五)本土竞争带来的同质化低水平运作的挑战

近年来，衡阳乡村旅游取得了很大进展，也建设了为数不少的景点和休闲农业旅游区，但由于缺乏总体规划、对旅游资源进行论证及资金缺乏等原因，造成盲目开发，重复建设，特别是低水平重复建设，只考虑当前，不顾长远，严重影响健康持续发展。

“花药春溪”“青草渔家”“石鼓江山”“岳屏雪弄”“西湖白莲”“东洲桃浪”等衡阳八景誉满天下。此外，衡阳各个辖区也有优美的自然景观，如常宁的“美潭晚渔”“地涌魁星”“泉峰夕照”“古寺晨钟”；耒阳市的“易口渔家”“杜陵烟雨”“蔡伦竹海”等。再如长株潭的农业科技主题园、环洞庭湖具有水乡特色的农渔产业、湘西地区的森林生态旅游业、民俗文化休闲业等，这些均对衡阳乡村旅游产业的发展与转型造成了竞争。

西江漂流曾是衡阳乡村旅游的经典之作，但在永州金洞漂流及受离市区很近的九龙峡漂流开业影响，目前基本没有客源，连维持生存都陷入困境。衡阳乡村旅游曾经引以为豪的珠晖休闲积聚区(白鹭湖、怡心园、花果山、酃湖等休闲庄园)，由于产品高度同质性、缺乏创新性旅游相关商品，近年来游客接待量急剧减少，致经营陷入困局①。

（六）城市发展带来的挑战

城市化进程的发展无疑对农业用地造成了不同程度的挑战，导致农业用地急剧减少，要发展乡村旅游，土地资源是必不可少的。在制造业工业的发展下，给乡村旅游产业带来了进一步的压力，发展乡村旅游，不仅要满足绿色环保的需求，还要为经济的发展做出贡献。且随着近年来农业生产地位的弱化，对于资金、人才、科技的吸引力也逐渐减小，致使农业处在一个弱势地位。

此外，要发展乡村旅游产业，需要具备良好的生态环境，如果硬件配置不到位，旅游资源必然会遭到不同程度的破坏，若乡村旅游开发工作不科学，环境问题就会日益恶化。在衡阳乡村旅游开发的过程中，部分经营者盲目迎合游客需求，由游客带来的噪声污染、废弃物污染、土壤破坏、水体污染给乡村环境带来了压力。要促进衡阳乡村旅游产业的发展，必须要遵循开发与保护并重的原则，合理预测旅游环境容量，对硬件设施进行科学有效的布局。

总之，经过长时间的发展，衡阳乡村旅游产业取得了质的飞跃，但是就湖南省的情况来看，竞争优势并不明显，长期以来，衡阳乡村旅游产业一直处于初级发展阶段，还存在一些问题有待解决。

---

① 马翀炜．文化符号的构建与解读——关于哈尼族民俗旅游开发的人类学考察[J]．民族研究：2006.

第六章　衡阳乡村旅游发展研究

第一节　衡阳市乡村旅游可持续发展战略

一、培植特色，加强乡村旅游的核心竞争力

纵观衡阳乡村旅游，其特色类型主要包括农家园林型、观光果园型、景区旅舍型、花园客栈型等四种，此外也可见到养殖科普型、农事体验型、湘西民居型等。农家园林型，是乡村旅游的最初和最常见的模式之一，其依托花卉、盆景、苗木、桩头生产基地等开展特色乡村旅游；观光果园型越来越常见，其以水蜜桃、枇杷、梨子等水果为依托，根据不同季节开展以春观花、夏赏果的观光旅游，其旅游收入已远远超过水果的收入；景区旅舍型是指在景区附近建设一批低档次农家旅舍，主要针对中低收入游客；花园客栈型乡村旅游则是指把农业生产组织转变成为旅游企业，绿化美化农业用地，建设成园林式建筑，主要针对较高质量的旅游者①。

旅游产业的核心竞争力包括文化资源和核心优势两种，两者是一种相辅相成的关系，也是提高旅游产业竞争力的主要因素之一。在经济的发展下，人们的收入水平也越来越高，对于旅游产品的需求也呈现出一种多元化的发展趋势。为了促进旅游产业的发展，必须要以实际出发，分析好当地资源的优势，立足于资源优势，开发出各种具有特色的旅游产品。在发展乡村旅游时，要注意到，乡村旅游的受众是广大的城市居民，他们想要看到的是一种原汁原味的乡村生活，因此，在发展乡村旅游时，必须要重点突出乡村活动、乡村遗产、乡村文化等原汁原味的乡村特色。同时，要做好资源的保护工作，对于传统的农耕艺术、生活工艺、民俗文化、乡村节庆活动等要在保护的基础上进行开发，充分地将乡村中的文化优势体现出来，并将这些资源优势进行整合，全面提升地方旅游业的综合竞争力。

二、强化乡村旅游资源的可持续发展理念

乡村旅游产业发展的第一要义就是要坚持旅游资源的可持续发展理念，该种理念可以

---

① 江立华，陈文超．传统文化与现代乡村旅游发展[J]．湖北大学学报(哲学社会科学版)，2010(1)：92－96.

满足文化、经济、社会、环境、生活、资源的协调发展，在生态旅游转型的过程中，必须要坚持这一理念才能够实现人与自然的和谐发展，这也是发展乡村旅游产业的最高境界。根据现阶段生态旅游产业的种种弊端，衡阳地区生态旅游产业的转型必须要建立在环境承载力的基础上，坚持可持续健康发展为指导，从长远来看，按照衡阳生态旅游资源的特点，发挥出森林、山地的旅游资源优势，实现环境效益、经济效益与社会效益的统一①。

在下一阶段下，必须要坚持生态文明制度的建设工作，该种制度的核心包括几个层面：

第一，健全自然资源资产产权制度和用途管制制度。

第二，在发展旅游产业时，需要兼顾到污染物排放量、自然资源承载能力与主体功能区要求，以此为基础设置好红线指标，根据各个地区生态资源的实际情况制订出系统的责任制度。

第三，制订出具有操作性的生态补偿制度，兼顾到生态环境成本与收益问题。

第四，完善现阶段的生态环境保护体制，严格实施管理责任制度，由不同的管理部门负责生态环境的治理，循序渐进的提升生态环境治理能力，还人们一个碧水蓝天②。

在转型过程中，衡阳地区要注意人文生态景观与自然景观的开发与融合，将生态旅游活动和教育活动进行有机结合，遵循因时制宜的原则，以春秋民俗观光、夏季避暑等多形式的发展特点，打造出衡阳市——中国乡村旅游胜地的新形象。

三、统一规划，提升资源开发的科学性

（一）规划与保护相结合

任何生态资源的开发都需要遵循规划与保护相结合的方式，生态旅游产业不仅要满足人们对于旅游的需求，更要兼顾到环保原则，与当地经济发展水平保持一致的步伐。在实施规划工作时，必须要兼顾到各个方面的问题，看生态旅游产业的发展会对周边产业造成何种影响，这无疑需要政府部门的主导，政府需要担当好核心角色，突出转型重点，处理好生态旅游产业与其他产业发展之间的关系，充分地将衡阳地区各类生态资源利用起来③。在开发生态资源时，要考虑到生态资源与周围环境的互动性，借鉴发达国家的做法，保护好生态环境，避免出现资源破坏与环境污染的问题。宗旨是生态旅游产业的转型必须要做到保护与开发并重，用长远的眼光看待问题。

此外，衡阳政府还要加大对不法旅游产业的打击力度，严格按照规划流程来开发生态

① 王兆峰，杨卫书．基于演化理论的旅游产业结构升级优化研究[J]．社会科学家．2008(10)．

② 李美云．论旅游景点业和动漫业的产业融合与互动发展[J]．旅游学刊．2008(01)．

③ 田纪鹏．国际大都市旅游产业结构优化经验及其对上海的借鉴[J]．现代管理科学．2013(06)．

旅游资源，做好可行性论证工作，团结各个方面的支持力量，为生态旅游产业的发展提供源源不断的人才保障，避免生态旅游产业发展出现脱节问题，对各方面情况进行合理的构建，提升规划工作的含金量。此外，在条件许可的情况下，可以聘请专业的设计人员、专家、学者共同参与进来，提升生态旅游规划工作的科学性。

(二)对生态旅游资源进行整合，打造精品生态区

在生态旅游产业转型过程中，要利用好衡阳地区的优势资源，挖掘出其中的精品资源，做好生态资源的整合工作，注重自然景观与人文景观的结合，提升生态旅游的科技含量①。

例如，在衡阳地区就可以充分发挥出南岳衡山的作用，打造出精品旅游线路，南岳衡阳是著名的五岳名山，年游客量达到了400万人，为对生态旅游产业进行转型时，可以发挥出南岳衡山的领头作用，加强与周边农村休闲场所的联系，做大生态旅游经济水平。花果山庄则需要提升自身的融资水平与服务档次，吸引旅游者来赏花、采摘、喝果汁、吃农家菜，扩大内需。同时，还要与周边环境资源和人文民俗联系起来，打造出生态旅游产业两点。

再如，对于常宁油茶林，可以深入挖掘茶资源，将其与我国古诗词相结合，营造出一种良好的文化氛围，开拓学茶产品新思路，将茶类产品融合在餐饮过程中，拉动经济水平的增长。对于耒阳蔡伦竹海地区，可以发展竹文化产业，打民俗文化风情牌，用探奇、演出等模式吸引广大旅游者参与进来。

(四)宏观谋划，合理引导乡村旅游布局

总的思路是：着力乡村旅游资源的整合，不断提升乡村旅游产业的文化内涵，形成以县(市)为支撑，以湘江为重点的乡村旅游发展格局。打造衡阳乡村旅游上游、中游、下游产业，做好衡阳乡村旅游产业布局规划。实施乡村旅游发展联动双赢战略。一是统筹衡阳区域内景区景点之间、区域与区域之间的协作机制，充分发挥衡阳便捷的交通优势，实现现有资源显现叠加和放大效应。二是构建区域外旅游线路的无缝对接机制，充分利用衡阳地处大湘南(衡阳、郴州、永州、邵阳、株洲炎陵、娄底)区域中心的区位优势和湘桂铁路扩能改造、衡炎高速、衡茶吉铁路三大交通线所形成的衡阳与桂林、衡阳与炎陵、井冈山两小时快速经济圈，提升衡阳乡村旅游住宿、休闲、购物等服务设施，拓展衡阳作为大湘南旅游服务中心的功能。三是以衡东土菜为依托、以连锁经营为路径，以品牌打造为手段，推动衡阳乡村旅游饮食文化业走产业化发展之路，提升衡阳饮食产业集聚度和知名

① 刘佳，韩欢乐．我国旅游产业结构研究进展与述评[J]．青岛科技大学学报(社会科学版)．2013(03)．

度。通过整合“衡东土菜节”“耒阳农耕文化节”“常宁油茶文化节”“衡阳县油菜花节”等区域文化知名节会，为衡阳饮食文化业搭建展示平台，着力绿色发展，以品牌带动行业整体水平提高，通过对衡阳饮食产业注入更多的文化元素，不断调整产业结构、增强科技含量、强化资源整合、加大宣传推介、提高创新能力等措施，提升衡阳饮食文化业发展规模和水平。四是推动衡阳饮食业品牌经营。做好“衡东土菜”这盘菜，下活“土菜名市”这盘棋，顺应餐饮业产业化经营的规律和趋势，推出衡阳“名菜、名厨、名店”，大力发展乡村旅游连锁经营，按照现代企业经营管理的方式进行运作，发展成多店式品牌连锁经营。

要实现这些战略目标，必须在衡阳空间布局上建设“一个大中心、一个大龙头、两条特色旅游带、四个旅游功能区”。

1. 一个大中心

实现“一个大中心”就是加快衡阳中心城区与环城游憩圈建设，以衡阳城区及周边为一个大中心。衡阳中心城区作为衡阳旅游发展的枢纽；是省际旅游集散中心、大湘南旅游服务中心和交通中心，可以为游客提供优质接待与信息服务；中心城区还可发展以城市休闲、会议度假、国际会展、文化体验为主要旅游城市。衡阳环城游憩圈是根据城市道路和公路规划，以中心城区为圆心，以方圆20千米为半径将城郊休闲旅游资源较丰富的区域整合在一起，形成以城市休闲度假活动为主的游憩空间。在环城游憩圈重点发展蒙托卡尼风情度假小镇、云集生态文化观光旅游示范区、车江金马湖自然生态农庄、泉溪清泉山生态农业休闲园等项目。通过建设，衡阳两小时可以到达珠三角、长株潭、武汉、湘南、桂林、梅山、井冈山任何一个地方，衡阳中心城区成为旅游集散中心、交通枢纽、综合服务接待中心。从而进一步完善了衡阳旅游配套服务设施，并通过整治市区的环境，提高衡阳市的环境品质，增强了衡阳城市旅游功能。

2. 一个大龙头

打造一个大龙头就是加快南岳核心景区和大南岳衡山旅游圈建设，形成大南岳格局。南岳景区是衡阳旅游业的龙头，是“佛”“道”“儒”三教合一的圣地，其核心旅游产品是宗教游、生态游和休闲观光旅游。大南岳衡山旅游圈是指依托南岳衡山的为龙头的核心带动下，将107国道、潭衡西高速和南岳高速附近的旅游资源整合形成品牌效应，通过大力发展南岳周边乡村的旅游，打造休闲古镇(比如宣州古镇)，使大龙头发展的触角，延伸得更远。通过南岳区、衡山县、衡东县与衡阳县环衡山区域的旅游合作关系构建大南岳衡山旅游圈，形成以南岳为中心、旅游业为重点的特殊旅游合作区域。通过区域统筹发展，逐步实现建设“大衡山”的发展目标。随着南岳旅游农业休闲观光园、共和国际养老养生文化中心、衡山竹海、南岳文化主题公园、水帘洞景区综合开发、四方山景区综合开发等一批重大旅游项目的签约，更加丰富南岳现有的旅游产品格局。同时也将促进大南岳衡山旅游圈的进一步形成。把“大南岳衡山”旅游经济圈打造成为国际生态文化旅游休闲目的地，使“大南岳衡山”旅游经济圈成为集宗教文化体验、生态文化观光、湖湘文化、休闲度假、康体运动等多功能为一体的综合型旅游圈。

3. 两条特色旅游带

（1）湘江生态旅游长廊

依托湘江良好的生态优势、文化优势，以“两型”社会建设为背景，以湖南省湘江打造东方莱茵河为契机，以衡阳城区三江（湘江、耒水、蒸水）六岸建设为核心，以衡东、耒阳、衡南、衡山、衡阳、常宁相关景区建设为重要依托，打造衡阳水上精品旅游长廊。

（2）国道旅游经济走廊

107 国道是沟通衡阳中心城区和环城游憩圈以及南岳核心景区和大南岳衡山旅游圈的纽带。通过加快 107 国道周边旅游景点的建设，整合周边各种相关旅游资源，以 107 国道为依托，以大力发展乡村休闲经济为重点，分别与“大中心”“大龙头”进一步融合，对沿线岣嵝峰、九观桥水库、九龙峡漂流等景区进一步改造升级，以构建特色旅游带。

4. 四个旅游功能区

（1）耒阳蔡伦文化旅游区

蔡伦文化旅游区位于耒阳市，耒阳是中华始祖神农氏发明耒耜之地，我国农耕文化发祥地之一，是造纸术发明家蔡伦的故乡，有“荆都名区”“三湘古邑”之称。耒阳是“油茶之乡”“楠竹之乡”“能源之乡”“汉白玉之乡”，有张飞湖子酒、坛子菜、红薯粉皮、精制茶油、绿色大米等绿色食品的土特产。耒阳蔡伦文化旅游区主要依托京珠高速、107 国道、武广铁路和桂闽公路整合已经具备一定发展基础的景点发展起来的。其境内有许多名胜古迹、文化教育胜地、宗教圣地。蔡伦文化旅游区有蔡伦纪念园、发明家广场、农耕文化博物馆、黄市竹海、汤泉旅游度假村等主要旅游景区、景点。耒阳蔡伦文化旅游区独具特色、底蕴深厚文化，吸引了八方游客前来观光旅游，也使之成为珠三角广东人休闲、度假、养生的绝佳去处。

（2）常宁印山——瑶寨风情旅游区

常宁印山——瑶寨风情旅游区包括中国印山、瑶寨风情、石马地质公园、天堂湖、天堂山、庙前古民居、西江漂流等景点景区。天堂山雄奇壮美、天堂湖幽静迷人、“中国印山”文景相生，瑶族风情绚丽迷人，西江漂流惊险刺激，财神洞鬼斧神工，中田古村风韵犹古，如今常宁印山——瑶寨风情旅游区已初步塑造了“山水天堂”“印章王国”“魅力瑶寨”的旅游形象，形成了“印山之绝”“天堂山之高”“天堂湖之秀”“古民居之幽”“财神洞之奇”“西江漂之趣”的旅游特色。依托耒阳市境内京广铁路、107 国道、京港澳高速公路、湘南公路、赣南公路、闽南公路、京港澳复线衡武高速公路、益娄衡高速、常茶高速、衡昆高速公路、1811 省道、1807 省道以及湘江将沿途的景点一一串联整合，形成特色鲜明的常宁印山——瑶寨风情旅游区，以独特的魅力和优质的服务吸引着八方游客。

(3)衡东罗帅故里生态旅游区

衡东县是共和国开国元勋罗荣桓元帅的故乡，境内山清水秀，鸟语花香，人文景观与自然景观交相辉映，南岳七十二峰的金觉峰、晓霞峰、凤凰峰、彩霞峰就位于衡东境内。衡东有“皮影戏之乡”“花鼓戏之乡”“剪纸之乡”“龙舟之乡”“狮之乡”和“画之乡”之称。衡东罗帅故里生态旅游区主要依托衡炎高速、315 省道将衡东县境内的罗帅故居、罗帅纪念园、锡岩仙洞、洣水风光带、四方山森林公园、草市古镇等旅游景点和资源整合起来。纯朴浓郁、丰富多彩的民俗民情，让人齿颊留香、流连忘返的衡东土菜以及丰富的旅游资源，优越的地理位置，为建设衡东罗帅故里生态旅游区奠定一定的基础，为发展衡东旅游业插上了腾飞的翅膀。

(4)洪桥——岐山山水城市休闲区

祁东县洪桥镇位于衡阳中心城市“40 分钟经济圈”内，是连通长株潭、泛珠三角和东盟的中心城镇，境内有京广铁路复线、湘江航道、湘桂铁路、衡昆高速、322 国道，有红旗水库、曹口堰水库等 2000 个山塘水库；衡南岐山为南岳衡山 72 峰之一，海拔 800 米，由凤凰山、火焰山、雷狙峰、仙鹅岭等 28 个景点组成，距衡阳中心城市只有 50 千米。岐山是我国南方唯一保护完好的原始次森林和珍贵树木，是湖南省著名佛教圣地之一。洪桥——岐山山水城市休闲区就是以此为打造发展的，它主要依托 322 国道、210 省道和益娄衡高速等将祁东洪桥镇、衡南岐山形成一个片区，依托洪桥温泉、岐山森林公园、红旗水库、漕口堰水库、板桥水库等丰富的山水休闲旅游资源打造成以山水休闲旅游产品的一个区。

5. 注重生态旅游管理，注重低碳化旅游

低碳旅游已经成为乡村旅游产业的重要组成部分，该种模式强调在旅游活动中尽可能地降低二氧化碳排放量，是一种绿色、无污染的旅游模式。与其他工业相比而言，生态旅游业本身就不会占用过多的资源，营销的也是文化与自然环境，这与国家节能减排的政策是相吻合的，在转型过程中，需要大范围推广低碳化旅游模式，加强宣传与教育，让低碳旅游的概念可以深入人心，让城市居民意识到低碳旅游的重要性。在自驾游时，尽可能与朋友拼车；在出行过程中，也应该尽量多使用公共交通工具；在旅行过程中，应该准备好生活物品，不使用酒店提供的一次性用品；在到达旅游地之后，多使用骑自行车与步行的方式。

第二节 打造衡阳乡村旅游品牌的战略思考

一、打造衡阳乡村旅游品牌

(一)挖掘旅游内涵，发挥品牌力量

品牌的力量是不容小觑的，在我国经济的发展下，人们的消费层次越来越高，人们不仅追求物质享受，更加重视精神享受。提到普罗旺斯，印入人们脑海中的就睡法国南部乡村中大片的薰衣草花海；说起北海道的富良野，就是以薰衣草和花田为形象，每年都有大量的游客来到这些乡村，品味着它的自然风貌、乡野情趣以及美味食品，乡村旅游的品牌就代表着高质量、高信誉度。著名的广告研究者 Larry Light 认为，“未来社会的营销竞争，就是品牌的竞争”，在这种激烈的市场中，树立起品牌意识是促进乡村旅游产业有序发展的有益措施，品牌可以降低营销成本，减少游客的形成期望与风险。从市场营销的定义来看，品牌是由利益、属性、文化、价值、使用者、个性来组成的，在乡村旅游中，游客可以欣赏乡村风光、品尝农产品、购买土特产，他们购买的不是旅游产品的属性，而是旅游产品的利益。一个乡村旅游品牌的内涵越多，越具有发展潜力，对于衡阳乡村旅游的开发，要重视景区设施的建设与营销，注重旅游品牌的要素建设，挖掘出其中的文化、价值与个性。

根据衡阳地区的特点，关于乡村旅游品牌的塑造，可以着重于四个方面：

(1)打造饮食品牌：衡阳地区的饮食有着独特之处，在乡村旅游饮食品牌的打造上独具优势，在原料供应方面，要选择纯天然无污染的食材，在土菜的花色品种与制作方法上下功夫，追求菜品形状、口味与价值上的变化。在菜名上，也要有所创意，如“玉麟相邀”“金玉满堂”“东洲浪鳞”“湘女多情”“朱陵来福”“石鼓赤玉”等，都是极具衡阳特色的菜名。

(2)挖掘民俗文化：民俗有着浓厚的地区特色，属于乡村旅游产业的精神内容，衡阳在开发乡村旅游资源时，必须要保护好现有的民俗风情，如“出天行”“狮龙舞”“皮影戏”“祁东渔鼓”“划旱龙舟”“春放荷灯”等，将这些民俗融入到乡村旅游中可以满足游客的文化体验要求。

(3)弘扬传统文化：乡村旅游文化在我国的历史文化中占据着重要的地位，衡阳历史悠久，有着丰富的乡村文化，在乡村旅游的开发过程中，需要保护好传统的民俗文化，避免优秀文化庸俗化，通过定期举行的文化活动将其逐渐渗透到乡村旅游活动之中。

(4)展示农耕文化：在华夏文明的进程中，衡阳从未缺席，为人类农耕文化的发展做

出了巨大的贡献，是“火文化”的发祥地、是制蚕始祖嫘祖的故乡、是造纸术的诞生地、是古代四大书院之一的石鼓书院的孕育地……衡阳的农耕文化既具有中华民族农耕文化的共性，也有着地域的个性，有着浓郁的湖湘文化色彩。如果可以让游客在乡村旅游中看到独具衡阳特色的农耕物品，必然可以让人们对农耕文化产生好奇心，感受农耕的不易，从而更加珍惜自己的生活。

（二）提高服务质量，健全服务体系

1. 提高乡村旅游产业的服务质量

政府需要进一步强化衡阳乡村旅游，特别是农家乐的接待能力，以旅游安全、规范服务为重点，提高服务质量。首先，要根据衡阳乡村旅游的发展需求来制订接待规范，统一相关的接待标准，由消防部门、公安部门、物价部门与旅游部门进行验收和经营，为游客提供良好的住宿条件，规范收费标准。其次，实施星级评比标准，严格将标准落实到实处。最后，对具备旅游资质的企业进行核定，根据全省标准核查其是否可以为游客提供良好的饮食、娱乐、住宿、交通条件，营造出良好的乡村旅游氛围。

2. 完善客运旅游服务体系

交通服务的质量对于旅游产业的发展有着直接的影响，虽然衡阳的交通问题在近年来得到了较大的改善，但是在乡村旅游交通上，尚有进一步需要解决的问题。因此，需要做好旅游快速通道的建设工作，设置好乡村旅游专线，规范旅游专线车与出租车的运营工作，规范收费，为衡阳乡村旅游产业塑造出良好的形象。同时，进一步完善网络票务系统，为游客提供便捷的订票服务。

3. 提高社区居民的参与性

要促进乡村旅游产业的发展，需要扩大社区居民参与度，提升农民参与乡村旅游产业的主观能动性，拓展本土特色，将农民的自身利益与乡村旅游产业的发展相结合，然后农民可以实现有效创业。政府部门还要加强对农民的指导，塑造出一批懂管理、善经营的农民，解决他们的现实问题，引导农民参与到旅游联合体与旅游协会中，避免农民被边缘化。

（三）建立人才队伍 提供人才发展基础

人才是乡村旅游产业发展的核心动力，在乡村旅游产业的发展下，对于人才的质量也提出了比以往更高的要求，目前，我国已经成为一个旅游大国，但并非旅游强国，“人才荒”的问题无疑制约了我国旅游业的发展。为了保证乡村旅游产业的持续发展，需要制订出完善的人才培训机制。

1. 利用职业教育，提升人才质量

关于旅游人才的培训，需要发挥好旅游管理部门的作用，将旅游企事业单位与各个高校联合起来，形成联动力，发挥出人才的培育功能。衡阳有多个培养旅游人才的高等院校，如衡阳财经工业职院、湖南环境生物职业技术学院，现行的乡村旅游产业从业人员的综合素质偏低，可以充分利用起衡阳教育机构的优势，展开系统的培训，逐步提升他们的综合水平。在旅游管理人才的培育上，要立足于衡阳旅游产业的发展要求，从目前衡阳各个旅游院校的专业开设情况来看，主要集中在酒店管理、旅游管理、生态旅游方面，缺乏与人才培养的相关专业，教育主管部门要针对市场的需求帮助这些院校调整专业设施，开设与旅游市场开发、度假管理、旅游产品影响、旅游模式规划等相关的专业，与企业建立“校企合作”模式，加强对现有人才的教育与培训工作，定期的组织这些人员进行进修，实现企业用人与学校育人的双赢。

2. 注重核心人才的引进

人才的竞争力影响着一个地区与国家的竞争力，要充分发挥出旅游人才的优势，就需要关注核心人才的引进。为此，衡阳市政府需要尽快出台与之相关的人才引进制度，吸引优秀人才，以重点旅游项目作为载体，构建出“人才”+“项目”的联动机制。同时，也可以邀请一些国内外制订的旅游管理人才和企业家进行演讲，全面提升人才的专业技能水平和责任意识，为旅游产业的发展奠定坚实的人力资源基础。加强从业人员权益保护。

重点加强乡村旅游管理、营销与规划人才的引入，扩宽核心人才的培养渠道，利用政府主导的方式鼓励相关机构引进复合型的高级人才。此外，还可以利用“旅游人才技能竞赛”“导游大赛”的形式，为旅游人才的研究、申报和培养提供充足的经费，制定招商引资政策，完善现有的沟通机制，为旅游人才的发展提供良好的政策环境。

3. 建立健全旅游人才保障和激励机制

衡阳可以考虑举行“导游大赛”、“衡阳旅游人才技能竞赛”等各种活动，评选表彰一批旅游人才。在旅游人才申报科研方面予以倾斜、并保障经费到位。建立健全衡阳旅游人才队伍建设领导机构，并制定发展规划与培养引进政策。加大旅游人才建设资金的投入力度。建立旅游人才联系制度，完善沟通机制。进一步加大宣传力度，为旅游专门性人才发展营造良好的社会环境。

4. 加强旅游人才管理

制定流转制度，建立衡阳旅游人才流转中心和数据库，设立衡阳旅游人才资源网站，成立衡阳旅游人才推介机构。建立健全衡阳旅游市场服务体系，完善旅游服务功能，进一步拓展服务的领域。制定旅游人才工作目标责任制，完善对旅游人才考核的指标体系，加强考核结果运用，强化旅游人才的管理。

(四)满足游客需求，打造特色名吃

尽管目前旅行社组织的团体游，与期望存在很大差距，但吸引旅行社组织团体游是旅游促销的重点，因此，满足团体游游客的“吃”，也是这一要素的重点。如在107国道沿线发展具有接待团体餐能力的几家餐馆，在景区内及附近，主要以发展小餐馆为主，保证自主游游客就餐，兼顾长假旺季游客的需求。旅游餐馆应实行挂牌标识制，由工商、卫生、物价等部门核定挂牌，依法强化监督。特色菜品、特色宴、特色餐馆，如衡东土菜。挖掘传统风味，整合地方特产，推出系列化的地方特色菜肴、风味小吃，比如衡阳土头碗、衡阳海蛋、湖南糊汤和玉麟香腰、鱼头豆腐、南岳素食豆腐、南岳观音笋、南岳雁鹅、唆螺、排楼汤圆、常宁凉粉、衡阳荷叶包饭等，还有西渡“湖子酒”、渣江米粉、长乐红薯粉、樟木油豆腐和饼糍粑等副食也很有特色。

1. 挖掘资源，畅通营销渠道

(1)加大营销力度，提高衡阳乡村旅游竞争力

乡村旅游的主要受众就是衡阳市区的游客，为此，可加强对营销的投入，将网络、报纸、广播、电台的媒体充分的利用起来，宣传乡村旅游的知名度。这可以采用如下的措施：

第一，举行乡村旅游文化节。在节假日，可以根据实际的情况举行一些大型庆典活动。这种庆典活动的影响范围广、吸引力强、经济效益高，因此乡村旅游品牌的打造往往也借助大型庆典这种形式进行推销。它是一种非常重要的营销手段。近年来，衡阳举办的“船山文化节”“南岳衡山国际寿文化节”“蔡伦科技发明节”等都为衡阳打响了旅游品牌，在未来，需要继续开展这些别出生面的生态旅游文化节，这对于促进生态旅游产业的发展是大有裨益的。

衡阳有着十分丰富的文化底蕴，乡村为主题的文化素材非常的丰富，除了继续举办诸如“船山文化节”“魅力岭坡，欢乐福星”“竹海挖笋节”“古镇・花海”等类似的文化旅游节等活动外，尚有美食文化节、乡村民俗旅游文化节等产品可供开发。同时，衡阳的美食非常丰富，以传统风味佳肴为出发点，打造特色名小吃，开发“衡阳美食文化节”。衡阳也是一个传统的文化艺术之乡。在逢年过节或者有大型的喜庆活动时，衡阳人民都乐于舞龙舞狮，舞龙舞狮又被当地人称为“耍龙灯”。衡阳的耍龙灯流传已久，早在清朝，在衡阳就流行耍龙灯，且有十多种，有“七巧龙”“滚地龙”以及非常有民间特色的硬龙等。龙由“龙头”“龙身”“龙尾”组成，龙头和龙尾都是用竹子、纱和纸包扎的，龙身是由一块整布包好的，俗称“龙被”，下面用十七根耍柄支撑，木柄俗称“龙把”，然后用一根又粗又长的绳子从龙头一直牵引到龙尾，这根绳子俗称“龙筋”。因为龙是吉祥的化身，人们认为它是有灵性的，因此衡阳当地农村都喜欢在逢年过节等重大节日耍龙灯。由此衡阳县举办衡阳舞

龙艺术文化节最具优势。

第二，实施宣传促销工作。在乡村旅游产业转型过程中，可以邀请电视台、网络平台来拍摄反映衡阳文化的宣传片，为世界展示衡阳美丽的山水资源、民俗风情与文化底蕴。并组织各类旅游交易会议，组织队伍到湖北、广东、港澳、东南亚等地进行营销。还可以与郴州、株洲、永州结合组成“乡村旅游联盟”。

(2)革新营销渠道，发展微信营销

微信营销是伴随微信发展起来的营销模式，微信营销没有距离的限制，商家可以利用微信公众号为用户提供所需信息来销售自己的产品。

①发挥“意见领袖”的作用。伴随着旅游市场的发展，乡村旅游表现出多样化、精细化的特点，整体市场也发生了深刻的变化，对于乡村旅游企业而言，要制定出灵活多样的营销渠道，强化自身的服务与管理结构。同时，要成立专门的营销部门，建立好企业公众账号，利用微博平台、二维码转化、网站群体转化收获更多的粉丝，并利用技术手段，对相关数据进行筛选和监控，找出在乡村旅游上更为专业的用户，也就是“意见领袖”，认真倾听他们的意见，邀请意见领袖进行实地考察，发挥出意见领袖的影响力。

②精准定位“目标客户”。乡村旅游产业需要利用社交网络的作用，了解游客的公开数据，挖掘其年龄、性别、收入水平等关键性信息，通过内容的共享来获取目标用户的消费方式、价值观与购买能力。借助手机的定位功能为乡村旅游影响活动确立导向，让营销活动更加具备精确性与针对性。

③构建出用户关系网。目前，网络已经成为游客获取旅游咨询的首选，乡村游客群体主要为周边城市居民、中老年退休人员、儿童、青少年等，在此类群体中，除了中老年退休人员，其他游客都是微信、微博的活跃人员。微信营销模式提供了更为广阔的网络平台，促进乡村旅游经营者与用户的良性互动，经营人员可以利用微信为游客提供相关的信息，帮助他们答疑解惑，及时来沟通和反馈相关信息，维护好游客的合法权益。

作为智慧旅游的重点，乡村旅游有着广阔的前景，面对湖南省良好的旅游发展机遇，要促进衡阳乡村旅游产业的健康发展，需要合理应用微信营销渠道，加强资料甄别，契合时代机遇，拓展营销空间，为衡阳乡村旅游赢得更好的发展空间。

④注重营销创新。创新属于乡村旅游产业的生命，在营销方面，也要注重创新，利用旅游资源的地域特点，根据“先环境、后产品”的思维，将当地特有的人文资源与自然资源融入微信营销中，为游客提供全新的体验。

⑤合理应用公关活动。衡阳乡村旅游企业要注意合理利用工艺活动开展乡村休闲旅游宣传活动，举行学术研讨会、民间文化活动，利用旅游公关活动为公众传递衡阳乡村旅游的相关信息，利用记者招待会、书画展、新闻发布会等拓展乡村旅游的影响，实现便捷的

社会信息交流。

二、衡阳乡村旅游转型发展的战略思考

近年来，衡阳建设了不少的景点和休闲农业旅游区，但由于缺乏总体规划、对旅游资源进行论证及资金缺乏等原因，造成盲目开发，重复建设，特别是低水平重复建设，只考虑当前，不顾长远，严重影响健康持续发展。要形成高质量的旅游目的地，必须根据区域特色，发展不同模式的乡村旅游。以南岳衡山来说，其具有独特的宗教文化和寿文化，因此，便可以将其打造为文化宗教型休闲产地，南岳衡山风景区周边的凤凰山庄和红叶寨则可大力发展景区周边型乡村旅游；中国福海国际旅游度假区早起培育出著名的盐疗养生文化，就取得了良好的旅游效益；因此，在乡村旅游的开发过程中，必须要以区域特点为出发点，以现代科技为依托，对现代化的经营要素进行科学的配置和管理，建立好农业示范基地，开发出一种集休闲、娱乐、养生为一体的现代化乡村旅游产业。由于衡阳地区的农业旅游区缺乏科学的规定，因此，发展脚步缓慢，在下一阶段，可以从实际出发，将农业旅游区打造成一种融合旅游和科普功能于一体的现代化的农艺园林。在这种农艺园林中，可以发展水上娱乐、垂钓、农业体验等相关的产业，这样，不管是儿童、青少年、中年人和老年人都可以参与到其中，此外，还可以建立一种现代化的果园，在果实成熟期，可以供游客进行采摘。这种现代化的农业园也将是未来阶段下乡村旅游的一种发展趋势。

转型升级就是要转变旅游产业的发展方式、模式和形态，是旅游产业发展到一定阶段的必然趋势，也是旅游产业实现可持续发展的必然选择。由此在政府主导下衡阳旅游业转型可以从以下几个方面着手：

（一）旅游产业功能转型

我国旅游产业功能转型经历了计划经济、市场经济、经济产业的第一次转型，目前属于第二次转型，即由原来单纯的经济功能到综合的社会功能转变。除了积极扩大国内需求，增加外汇收入，增加就业的基本功能，而且还具有不同于其他行业的功能，应采取多种方式推动旅游产业功能的转变。一是使旅游消费功能的进一步深化，使旅游业的消费功能得到充分发挥，充分体现旅游业民生的重要价值；二是要使旅游产业走向生产化，拉动经济增长的作用得到充分展示；三是要使旅游产业走向生态化，充分体现生态特色产业，促进旅游业的可持续发展。由此衡阳旅游业发展要与经济建设、社会发展、文化建设、生态文明有机融为一体，实现单一的经济功能为主，向经济社会功能并重的转变。就必须深入挖掘整合衡阳丰富多彩的旅游资源，丰富旅游内涵。

（二）旅游产品结构转型

一方面我国旅游产品转型向多元化、休闲化转变，即单一观光旅游产品向以观光旅游

与休闲度假等复合旅游产品转变。另一方面我国旅游产品转型向创新化、体验化转变。衡阳旅游产品结构转型，必须由单一观光游逐渐向观光、休闲与度假、乡村、节庆、会展等复合游方向转变，从而引导人们旅游方式的转变。另外，还要进一步丰富旅游产品，进行深度开发，如开发登山、攀岩、探险、休闲农耕、祈福等体验项目，来满足人们不同消费需求，逐步引导游客向体验性旅游转变。衡阳旅游进行旅游产品结构提质转型，才能进一步现旅游的转型发展。

（三）旅游产业结构转型

我国旅游产业结构需要优化转型，从规模经济与分散经济走向系统经济、集群经济转型。实践也证明，衡阳旅游产业必须市场化，才能得到长远的发展。产业的快速发展必须要依靠政府的主导作用，同时旅游产业的转型升级也离不开政府的支持。因此，要使旅游业的转型取得良好的效果，关键是解决好市场化和政府主导之间的关系，使两者能够很好地结合在一起。

下　篇

第七章 “和”视角下南岳衡山人文旅游与乡村旅游

本章的重点是基于“和文化”背景思想下的南岳生态人文旅游资源与乡村旅游转型。通过实际的考察和调研对当前南岳的生态人文旅游资源进行系统划分和合理认知。通过实证调研进一步了解当前南岳生态旅游人文旅游开发利用现状。在这一基础上，结合政府、行业管理、居民及游客等多方力量，谈论他们各自的责任。为旅游管理者制定制度找准文化视角；为旅游开发者设计规划提供理念指导；为旅游经营者进行营销活动树立标杆；为旅游者进行旅游活动提供行为准则；为旅游社区支持乡村旅游业发展提供可持续动力源泉。

从目前来看，南岳生态旅游人文旅游资源的发展并没有迎合和文化的本质和要求。为了更好推动南岳生态旅游人文旅游资源的合理利用，下面，我们就南岳生态旅游人文旅游资源“失和”原因进行分析。

一、问题的提出

(一)“和”文化的发展要求旅游资源的开发利用要适度

“和文化”依托和谐文化的内涵，注重社会发展实际情况，追求环境与自然的和谐发展、经济与环境的和谐发展、旅游与文化的和谐发展。“和”文化不反对发展，但是要求发展过程中的一个“度”，在这一背景之下，南岳生态旅游人文旅游资源开发利用研究能够有效协调经济发展和环境保护之间的关系，迎合“和”文化的发展要求。

(二)南岳生态旅游人文旅游资源开发利用现状不容乐观

由于南岳地域的特殊性，其生态旅游和人文旅游资源极为丰富。南岳衡山拥有丰富的生态旅游资源，共有大、小山峰 44 个，其中又以“祝融”“紫盖”“天柱”“石廪”“芙蓉”五峰最为闻名，俗称“衡岳五峰”。在这些山峰之间，自然存在着岩、洞、台、坛、窟、泉、溪、涧等，自然整体搭配协调，景色美不胜收。“春看花、夏观云、秋望日、冬赏雪”这些自然生态风景一度被人们所欣赏。

从人文旅游资源的角度来看，南岳衡山拥有众多的庙、祠、寺等人文景观，可供游客参观膜拜，而且也有大量的观、亭、坊、书院等人文景点，可供游客游览。除此之外，南岳所特有的福寿文化资源和抗战文化资源都吸引着游客前来观赏随着历史的发展，道教在南岳的历史进程中，留下了许多宝贵的历史文化遗产，如建筑物，书籍，音乐及风俗习惯等，它们都逐渐成为了当地主要的人文旅游资源。基于南岳生态旅游人文旅游资源丰富的基础，“和”视角下南岳生态旅游人文旅游资源开发利用研究极具必要性。

进一步做好南岳旅游行业的发展，与旅游资源相匹配的配套设施也不断完善。纵观当前南岳这一旅游资源，环山公路、上山索道、酒店宾馆、纪念品批发点等设施和场所不断出现。这虽然方便了游客前来游玩，但是就南岳自身来说，其植被与景观也遭到了严重的破坏。例如，酒店等服务场所，由于地域高度，其没有必要的污水处理等相关的设备，在很大程度上导致污水随意排放，污染南岳的自然环境。在这种情况之下，“和”视角下南岳生态旅游人文旅游资源开发利用研究能够逐步改善当前的现状，做好南岳旅游资源的保护工作①。

综上所述，“和”视角下南岳生态旅游人文旅游资源开发利用研究具有紧迫感，通过本文的研究，能够更好地保护南岳生态旅游人文资源，促进南岳旅游的可持续发展。

二、南岳生态旅游人文旅游资源“失和”分析

从目前来看，南岳生态旅游人文旅游资源的发展并没有迎合“和”文化的本质和要求。为了更好推动南岳生态旅游人文旅游资源的合理利用，下面，我就南岳生态旅游人文旅游资源“失和”原因进行分析。

（一）社会意识形态的失“和”

从整体来看，当前社会处于一个相对焦躁的环境，不和的现状普遍存在——家庭不和、同事不和、区域发展不和等，纵观这些不和的根源，很大程度上是因为“和”意识的匮乏。从哲学的角度来看，意识反作用于物质，“和”意识的匮乏反应到大家的行动中，就是不懂得谦让，太过自我。当这种情况作用到一个地区时，由于对“和”意识的匮乏会导致他们在开发旅游项目资源的时候不能够正确地处理好经济发展与环境保护之间的和谐关系，无法协调好经济快速发展、社会和谐以及生态环境可持续发展三者之间的关系。从这个角度来看，社会意识形态的失和在很大程度上导致了“和”视角下南岳生态旅游人文旅游资源开发利用存在的问题。

（二）政府：缺乏有效监管——经济与环境的不“和”

虽然当前湖南政府大力倡导经济与生态环境的和谐发展，但是在长期传统的发展模式下，真正将这种理念应用于实践的管理中，还需要一定的时间来适应和改变。这从某种程度上来说，就导致了政府在旅游资源生态管理方面工作成效不高，经济发展下，对于生态环境的保护问题是否干涉成为一个矛盾且现实的问题摆在了政府面前。

---

① 蔡梅良，钟志平．南岳旅游地吸引力综合评价与对策研究[J]．2010，30(3)：514－518．

从目前来看，政府对于南岳生态旅游人文旅游资源开发利用是否过度的标准并没有较为明确的指标。从真正发挥政府监督职能来看，政府需要定期对南岳旅游景区的环境指标、硬件设施等进行抽查和检查，一旦发现不合格或者存在的问题，需要在第一时间内责令景区解决问题，必要的时候，可以给予一定的惩罚措施。但是实际的操作仍需改进。

这种缺乏有效的监管直接导致了经济与环境的不和，重经济、轻环境的发展在很大程度上违背了“和文化”理念，不利于“和”视角下南岳生态旅游人文旅游资源开发利用正常工作的开展。

(三)行业：缺乏有效规划——制度与实践的不“和”

对于旅游管理行业来说，其在发展的过程中，缺乏有效规划，甚至存在着盲目跟风的现状，不能够结合自身的实际情况合理进行创新。在具体的旅游产品宣传中，其往往千篇一律介绍旅游资源如何，而实际上，对于部分景点的介绍内容并无创新。这种不能够定期对南岳旅游资源规划的弊端，在很大程度上影响着南岳生态旅游人文旅游资源开发利用开发与利用。

举个简单的例子来说，作为南岳第一代旅游产品，“麻姑仙景”“穿岩诗林”曾经一度受到游客的好评，吸引着游客前来观赏。但是随着时间的推移，其在旅游产品设计上没有创新，且宣传上也依然以此为主，反倒起不到正常的推动作用。

另外，从制度层面来说，旅游行业管理范围内对于如何保护生态资源、如何提高服务质量、如何强化售后等方面都有着明确的规定，但是在实践的活动中，这些制度并不一定会真正得以实现。制度拟定的出发点是好的，是迎合南岳可持续发展的理念，由于制度的拟定和社会实践之间存在着一定的差距，从而导致了南岳的生态人文旅游资源在开发利用过程中无法真正体现出“和”文化的思想境界，得不到合理正确的利用。

(四)居民：缺乏归属意识——小我与大我的不“和”

对于当地的居民来说，他们对生活在南岳有一定的骄傲感，这种骄傲感源于内心。但是，这种骄傲感与自豪感并不能够让他们努力投入到南岳生态资源人文资源的保护中去。从严格意义来说，当地的居民缺乏一种内心的归属感和责任感。当居民的个人利于与南岳生态旅游人文旅游资源保护发生冲突的时候，居民往往是选择小我的利益，而不顾大环境的利益。

举一个普遍的例子，南岳旅游景区的负责人明确规定，禁止当地居民在景区附近拉客，强制销售物品。这种规定是源于对南岳形象品牌的建设。但是对于当地居民来说，虽然有规定，但当地居民依然我行我素，利用机会拉客，销售物品，这就是小我与大我的一种不和。

另外，除了居民之外，当地的居委会也缺乏对居民关于“和”视角下南岳生态旅游人文旅游资源合理开发利用的相关培训或者座谈会，居委会没有起到一个正面引导的作用。之前看到有的旅游景区发挥当地居委会的作用，每日选择一个居民作为“监督大使”来管理居民，督查居民是否存在小我行为，且给每日的“监督大使”发送日薪。其实，类似活动举办居民参与的兴趣并不是为了所谓的日薪，而是能够从中寻找到的满足感、归属感和责任感。目前，南岳景区这方面做得并不是很到位，没有充分发挥居民的力量，引导他们投入到南岳生态旅游人文旅游资源的保护中。

（五）游客：缺乏保护观点——欣赏与保护的不“和”

游客是南岳每年来的主要访客，可以说，做好游客这一群体的工作，在很大程度上有利于“和”视角下南岳生态旅游人文旅游资源开发利用工作的开展。游客是来自全国五湖四海，其性别、年龄、职业和素养等各不相同，在这种复杂且庞大的群体中，就难免有游客缺乏保护旅游资源的观点。

随地乱丢垃圾是个较为普遍的例子，很多游客在游览过程中，明明垃圾桶就在眼前，也不愿把垃圾扔进垃圾桶中，这种现象屡屡发生。这种单方面顾自己的行为可能他们自己没有感觉不妥，但是一个人这样，两个人这样，几千个人还这样，这就导致了欣赏与保护之间的不“和”，对南岳的生态人文旅游资源的保护和合理利用造成了负面影响。特别是南岳景区以丘陵和盆地为主的地势地貌，峰峦山谷间溪流交错相间，若垃圾被风吹到了不易清理的地域，不仅容易污染环境，而且会成为一种“别样”风景，影响整个景区的美观。

（六）媒体：缺乏责任意识——现实与报道的不“和”

作为一种重要的舆论监督机构，媒体需要客观公正地播放新闻，无论是正面信息还是负面信息，媒体都有义务播放，满足广大群众的知情权。但是在我国，媒体缺乏这种责任意识，在新闻信息的播放中，往往是有选择性的，选择播放正面的、代表形象的进行宣传。

我们应该发挥媒体的监督功能，就“和”视角下南岳生态旅游人文旅游资源开发利用现状进行报道。这样一方面让大众知道当前南岳生态旅游人文旅游资源开发利用现状，另外，也能够督促相关政府部门及南岳风景区相关负责人做好南岳生态旅游人文旅游资源的开发利用工作。

三、南岳“和”视角实证调研

本次调研时间是 2013 年 7 月上旬至 8 月中旬。调研地点主要以衡山旅游区为主，调研对象是南岳景区的自然人。本次调研以南岳的生态旅游资源和人文旅游资源开发为主要内容，主要通过问卷调查、实地考察和访谈等方式进行调研，搜集到关于南岳的一手资料，丰富本文内容的研究。

（一）问卷调查情况

本次问卷调查的时间为 2013 年 7 月，发放调查问卷 100 份，有效收回调查问卷 100 份，调查的地点在南岳各类宾馆旅店，调查的对象是居住于南岳景区各类宾馆的旅客。经过问卷调查分析之后，调查情况如下：

1. 提到南岳，您的印象是？

A. 衡山　B. 南岳八绝　C. 水帘洞

其调查结果如图 7-1 所示：

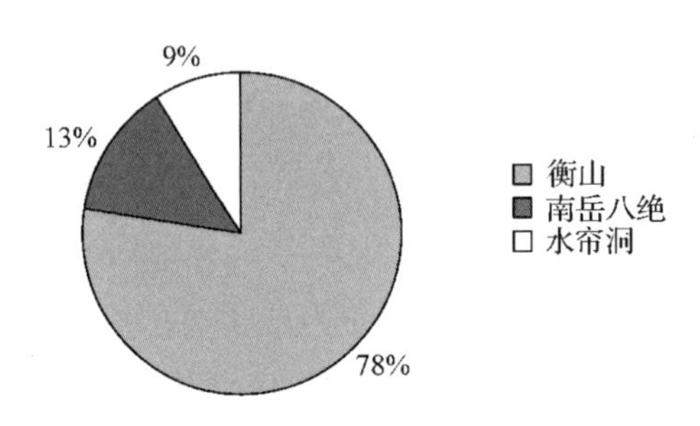

图 7-1　南岳印象调查图

2. 对于当前南岳生态旅游资源，您最满意的是？

A. 衡岳五峰　B. 南岳四绝　C. 主峰

其调查结果如图 7-2 所示：

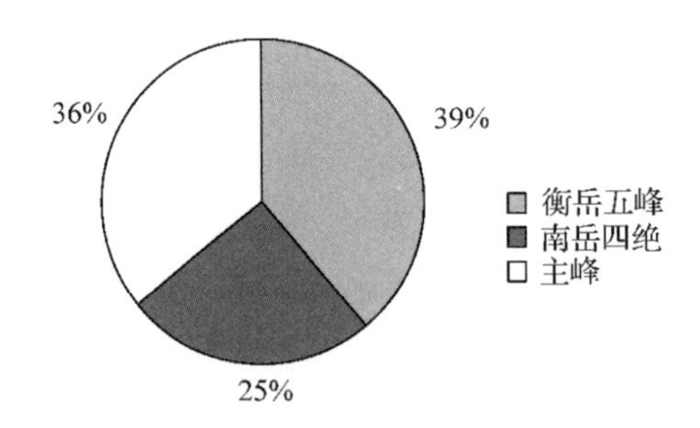

图 7-2　南岳生态旅游资源满意度调查图

3. 对于当前南岳人文旅游资源，您最满意的是？

A. 书院　B. 宗教　C. 寺庙

其调查结果如图 7-3 所示：

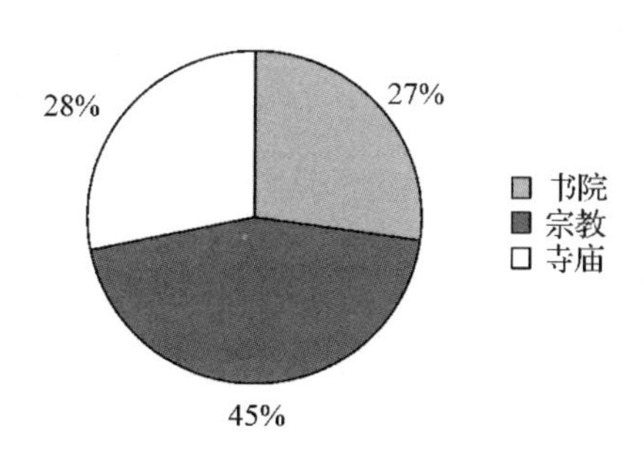

图 7-3 南岳人文旅游资源满意度调查图

4. 您认为当前南岳生态旅游和人文旅游资源开发适当吗?

A. 适当 B. 开发过度 C. 开发不够

其调查结果如图 7-4 所示:

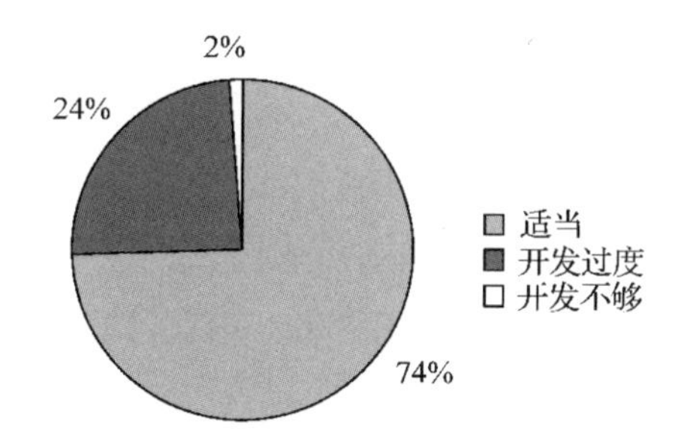

图 7-4 南岳生态人文旅游资源开发度调查图

5. 您认为南岳生态旅游和人文旅游资源符合可持续发展的观念吗?

A. 非常符合 B. 基本符合 C. 不符合

其调查结果如图 7-5 所示:

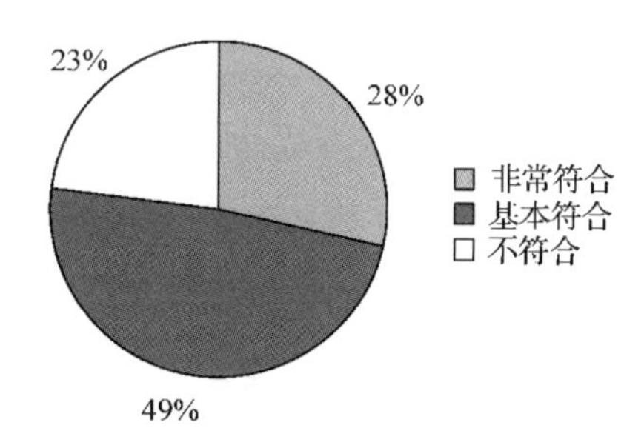

图 7-5 南岳生态人文旅游资源可持续发展调查图

通过上述调查，可以发现：游客对于南岳的向往更多地是对衡山的向往，从生态旅游资源方面，大家对衡岳五峰、南岳四绝和主峰的满意度基本不相上下，从人文旅游资源来看，大家对宗教的满意度最高。从生态旅游人文旅游的可持续发展来看，现在大家认为当前南岳生态旅游人文旅游的发展迎合可持续发展的理念程度一般。通过调研可以看出，南岳的旅游资源备受游客欢迎，但其生态旅游、人文旅游需要进一步强化可持续发展。

(二)实地考察情况

截至2014年1月，据不完全统计，南岳衡山有国有，集体，个体饭店，酒店已超过300家，约有高、中、低等次的30 000个床位，现有年接待能力约300万人次，建有20万伏变电站，日供水能力超过7000吨，例如，2014农历马年大年初一，接待游客的数量就达21.69万人次，再创历年新高，同比增长42.79%，实现门票收入达190.53万元。而在如此大规模的接待人数情况下，南岳不可避免地出现了生态破坏、人文资源受损、环境受损等情况。相对于南岳早先的生态和人文资源来看，植被数量显著减少①。

南岳镇拥有大小停车场数量达几十处，且山上各景点也可供游客自由停放车辆，但南岳旅游局为避免景区内因交通拥堵而导致的不可预见的安全事故的发生，故在一般情况下不允许和建议游客自行驾车上山，因其盘山公路可直达海拔1289.8米的祝融峰。为了方便各种游客能方便快捷的直达各景点，当地政府专门提供了无尾气排放的巴士方便游客，并在半山亭设置了登山索道，以方便游客上下衡山。南岳区大部分是山，有限的土地资源既要保证旅游业发展的多样性、丰富性和机动性，又要满足城镇开发、居民生活、农业生产用地等众多需要，矛盾就显得十分突出。

由此可以看出，南岳生态旅游人文旅游资源如果长此以往发展下去，资源会逐步枯竭。在这种考察之下，在发展的过程中，凝聚“和”理念，在“和”视角下南岳生态旅游人文旅游资源开发利用极具必要性②。

(三)访谈调研情况

在实际考察调研中，调查就不同年龄、不同身份、性别的调查对象随机进行随机访谈，实际访谈对象共100人，访谈以“对南岳生态旅游人文旅游开发利用现状”为主要内容展开调研，以游客、行政管理者、企业管理者和景区工作人员视角收集、整理、统计信息，进一步了解南岳生态旅游人文旅游资源的开发利用现状。访谈调研统计分析情况如下：

1. 对游客的访谈

考察中对游客的访谈50人，访谈对象共计100人，占50%，通过对游客的访谈了解

---

① 陈起阳．森林旅游开发与森林资源保护关系的探讨[J]．中国城市林业．2012，10(4)：20－23.

② 王又保，李选艳，廖端芳．南岳寿文化：厚重历史积淀与轻浅现实传承反差中的思考[J]．船山学刊，2005(4)：29－31.

到以下信息：

(1)南岳衡山的旅游资源对游客的吸引力

80%的访谈对象回应“什么吸引您到南岳来旅游“的问题，提及南岳丰富自然资源和深厚的文化资源，包括春观花潮、夏看烟云、秋望日出、冬赏雾凇四星景致，以及福寿文化、宗教文化、抗战文化、书院文化等多重文化体验，并称赞南岳是自然与人文旅游资源完美融合的典范。

(2)南岳衡山旅游资源开发“失和”的讨论

在看待南岳生态旅游人文旅游资源开发是否过度的问题上，近一半的游客认为在南岳“申遗”准备中，一度缓解了景区开发过度问题，此后有再度恶化的趋势，这将对当地生态环境再次造成负面影响，赞成资源“失和”的观点。另一部分游客认为现有的开发对其购物、就餐、住宿等方面带来了诸多的便利，不存在“失和“问题。由两类观点可见，游客对“失和”问题集中在基础接待设施开发与旅游环境是否“和谐”上，仅有少数游客提及南岳生态旅游资源丰富，但生态旅游主题项目开发和宣传十分有限。

2. 对行政管理者的访谈

对行政管理者的访谈 6 人，访谈对象共计 100 人，占 6%，通过对行政管理者的访谈中了解到：

(1)行政管理者自身的旅游专业知识非常的丰富，对业内游客的动态实时掌握

在几位旅游区行政管理者对南岳旅游资源的访谈上，全部能够简单罗列出“三海”“四绝”“五峰”“九潭”“九池”“九溪”“十五洞”“二十四泉”“三十八岩”诸景点等自然景观。人文资源上有宗教，书院，福寿等。

(2)景区承载力和生态资源及人文资源的过度开发问题

在八月初一这样的旺季时期，“香客”的数量能达到景区游客总量的60%。例如，南岳大庙经常是水泄不通，但也不能因为超过了承载力就杜绝游客的来访或限制游客的行动。所以在不能限制游客的前提下，就要加大对设施尤其是人文资源进行修缮和保护，自然资源也一样能够做到被监管并及时处理问题。

3. 对企业管理者的访谈

对企业管理者的访谈人数为 23 人，访谈对象共计 100 人，占 23%，通过对企业管理者的访谈中了解到：企业在自负盈亏的基础上，能否确实做到在可持续性发展的同时又能不以损害生态环境为前提。走访的 23 家酒店、宾馆和家庭旅馆，均能保证来店旅客能食用新鲜的瓜果蔬菜，也能切实做到固废无害处理，但只见到 5 家具有规模的酒店装置了自动化排污系统，仅仅只占走访酒店的 21%。由此可见，在未来的时间里开展“和”视角下的南岳生态旅游人文旅游是非常有建设性和实用价值的。

4. 对景区工作人员的访谈

对景区工作人员的访谈人数为21人，访谈对象共计100人，占21%，通过对景区工作人员的访谈中了解到：

①走访了13位环卫工人，在了解访谈对象的工作性质后，初步了解其是各自负责片区，工作的时长为12个小时两班倒，7名环卫工人在对待“乱扔垃圾的游客多吗”这个问题上表现出惊人的一致性，近年来，随着景区设施设备的增添和服务产业的扩大，游客的数量也日益增多，南岳生态旅游人文旅游资源越来越开发了，但却只有极少数部分的游客能够自觉做到垃圾入筐，不随地吐痰等文明行为，所以以上各种情况就产生了更多的对环境破坏的负面效果。

②走访了8位门票管理所的工作人员，虽然南岳生态旅游景区有着严格的门票管理制度，但也不乏一些个别投机取巧的游客，不惜冒着生命危险和破坏自然资源为代价达到目的。从生态旅游可持续性发展的角度来说，这是非常违背文明社会的文明发展的行为。

通过以上走访访谈，无论是环卫工的描述还是酒店负责人的回答，虽然南岳的旅游资源不断发展着，但是，其在发展过程中，存在着开发过度的现状。这与“和”文化因素格格不入。“和”视角下南岳生态旅游人文旅游资源开发利用研究要以此为切入点，进行合理研究。

(四)南岳生态旅游人文旅游资源“失和”对策建议

在“和”视角的范围下，为了进一步做好南岳生态旅游人文旅游资源开发利用工作，促进南岳旅游的可持续发展，针对上述的现状及“失和”原因的分析，结合南岳旅游资源开发利用的实际情况，本论文从以下几个方面提出相应的解决方案和合理建议。

1. 社会“和”文化意识的指引

“和”文化是我国几千年传统文化所流传下来的精华思想，“和”的境界更是儒家思想所追求的人世间纯洁美好的最高境界。“和”视角就是以“和”文化为出发点，遵循“和”的思维来分析思考问题的方式。在当今社会全面发展的背景下，全面呼唤社会和文化意识，至关重要①。

以“和”为视角思考分析问题符合中国的传统思维习惯，能较好地实现问题协调中的文化信息对称；符合我国“和谐社会”的建设发展的时代主题；“和”的价值观与生态旅游的价值取向一致，为生态旅游的发展构建了理想的图式。

2. “和”视角下政府有效发挥职能

政府要进一步发挥自身的经济管理和旅游管理的职能，不能单纯重视经济利益，要将

---

① 马耀峰，宋保平，赵振斌．旅游资源开发[M]．科学出版社，2005.

生态利益和社会效益同经济效益一起并抓。

(1)强化部门合作

“和”视角下南岳生态旅游人文旅游资源开发利用的研究，不仅仅是一个部门的事情，而是涉及旅游管理局、地质局、环保局等多个部门，这些部门在充分考虑生态资源分布的基础上，结合自身职权，与其他部门甚至涉及的其他学科进行协调。多方位、多角度地强化对南岳生态旅游人文旅游资源的管理。

(2)引导合理开发

旅游的发展是一件复杂的事情，不仅考虑到资源的问题，更是考虑到整体协调与搭配等诸多涉及旅游专业方面的问题①。在这种情况下，应充分发挥政府的主导作用，组织相关学科专家、学者从理论和实践两个方面进行深入的研究和分析，就南岳目前已经存在的或者正在开发的生态人文资源进行探讨，给出较为明确的开发依据和相关的可行性方案。在基本理论和实践的研究的基础上，组织有关部门，根据自然生态和人文生态分区分类，合理布局，规范发展。

(3)鼓励创新宣传

传统对于旅游景点的宣传往往是以报刊或者电视的方式。随着网络信息技术的发展，政府要从大方向上鼓励南岳做好创新宣传工作。充分利用网络的力量，发挥网络的功能，通过网络让大家欣赏到南岳的美景，激发他们前往南岳旅游的激情。如微博、微信、各大旅游网甚至是视频等。

这里，以两个在创新宣传方面做得比较到位的地区为例，一个是丽江，在政府的鼓励下，拍摄了《一米阳光》的电影，在电影中，将故事情境与丽江的美进行巧妙结合，将丽江的美描述得淋漓尽致。因为这部电影，很多人选择去丽江旅游。另外一个是成都，同样在政府的鼓励下，拍摄了《情遇成都》，在这部电影中，将成都的自然风光与故事结合，展示了作为一座古城成都的无限魅力。在微视频、微电影逐步普及的今天，作为南岳甚至湖南的政府，也可以鼓励区域创新宣传方式，以大家更能接受的、效果更好的方式进行宣传。

(五)“和”视角下旅游资源的整合

对于南岳旅游资源的重新定位，能够进一步挖掘南岳生态旅游人文旅游资源的有效性，促进南岳整体旅游水平的提高。

1. 开发主题旅游

旅游资源的固定的，但是又是灵动的②。在“和”视角下南岳生态旅游人文旅游资源开

---

① 吴宜进主编．旅游地理学[M]．科学出版社，2005.

② (英)克里·戈弗雷(KerryGodfrey)，(英)杰基·克拉克(JakieClarke)．刘家明，刘爱利译．旅游目的地开发手册[M]．电子工业出版社，2005.

发利用过程中，可以具体结合南岳具体旅游资源，按照旅游资源的性质，突破区域限制，开发出系列主题旅游。主题旅游活动的开发在很大程度上能够将各大资源与经典合理串联，促进各大景点共同发展。就当前来看，南岳生态旅游人文旅游资源开发和利用可以从生态旅游、文化旅游、节庆旅游、体验旅游等方面考虑，这样，进一步促进旅游产品格局化发展[26]。

例如，每年的三八妇女节期间，南岳当地的各旅行社都先后推出以关爱女性为主题的“孝心游”“踏青家庭二日游”等项目。这种旅游项目的出现，很好地结合了南岳衡山当地的风土民情和地域文化特色，而参与衡东衡山土菜节，登衡山踏青赏花等旅游项目不仅满足游客的实际需求，所具有的浪漫气息又贴合三八妇女节的主题，深受女性同胞们的喜爱。这种节庆旅游迎合了人们的需求，同时，也节点为依托，能够充分利用旅游资源，让大家从中感受到美的力量。

（1）红色旅游

抓住红色旅游的热潮，把衡东罗荣桓元帅故居、衡阳县夏明翰故居作为重点红色旅游景区来加快开发，打造全市“红色旅游品牌”；围绕3大红色旅游主题，即“伟人将帅故里、工农运动烈士、革命烈士故乡”，形成以衡东为主的伟人将帅故里游；以城区、衡山、耒阳、常宁等5地为主的革命烈士故乡游。面向全国各级消费群，特别是党政机关和学校团体进行整体营销。目前，罗荣桓元帅故居已列入“全国100个重点发展的红色旅游重点”，夏明翰烈士故居、康王庙、岳北农工会、毛泽建纪念园等红色景点已纳入《湖南省红色旅游经典景区名录》和湖南省精品旅游线路。

（2）节庆旅游

“天下寿山三十六，寿比南山数南岳”。在国际寿文化节的基础上继续推出山地自行车赛、阿迪力高空走钢丝世界挑战赛、打造世界第一大鼎——万寿大鼎、养生论坛、千米攀云梯、国际自然健康营开营、湖南大众体育运动会南岳衡山登山赛等其他相关活动，让南岳衡山向以生态、观光、休闲、度假复合型相结合转型，深入挖掘南岳衡山福寿文化的内涵，打造全新的旅游品牌，把南岳衡山建设成集游览观光、祈福求寿、休闲度假、健康疗养为一体的旅游目的地。围绕“健康、长寿”的主题，树立“生命在于运动，长寿源于健康”的理念，以福寿文化的传承，打造中国健康旅游第一山。另外每届节庆都要做到主题鲜明，突出亮点。通过节庆的举办，使南岳衡山旅游品牌和形象更响、名气更大。

（3）湖湘文化

湖湘文化，流转千年。衡阳是湖湘文化的经典城市和代表城市之一，也是湖湘文化的重要传播中心和发祥地，诞生和培育了湖湘文化三座高峰的代表性人物：宋代理学大师周敦颐、明末清初伟大的思想家、哲学家王船山和曾国藩，这三位代表性人物在衡阳都有留下光辉灿烂的一笔。为将湖湘文化在衡阳这片热土发扬光大，衡阳在湖南省率先举办“湖湘文化旅游节”，抢注“湖湘文化名城”这一品牌。石鼓书院、曾国藩岳父故宅、湘军统帅彭玉麟的退省庵、学生运动纪念馆湘南学联、衡阳抗战纪念城、西湖公园周敦颐爱莲阁等景点，让游客在游览衡阳风景秀丽山水风光的同时，也深深感受到湖湘文化的独特魅力。

2. 适当加入旅游圈

集聚发展是当前经济和旅游发展的一种趋势，所谓的集聚发展是将具有同性或者共同本质的发展形成一个团体，以团体的规模进行规划、宣传与发展。集聚发展更具有权威性和影响力，在这里，就以如何适当加入旅游圈为例介绍如何促进南岳旅游的集聚发展。

以南岳道教资源文化为案例进行分析。南岳并不是只有道教，其与儒教和佛教共处南岳衡山，可以说，这是南岳的一大特色。我国虽然其他山景也有宗教，但是都没有像南岳这般集中。但是，从整体来看，目前，我国道教文化旅游线路已经初步形成，却没有南岳的相关线路。目前现有的开发较为成熟的道教文化体验旅游路线包括以下几条线路，其一是以湖北武当山为起点的沿长江顺流而下经江苏茅山至苏州玄妙观的旅游路线；其二是包括江西庐山、福建武夷山以及广东罗浮山在内的华南地区旅游路线；最后是以道教发源地四川为起点，游经鹤鸣山以及著名的道教圣地走城山，最终到达陕西华山、终南山等的西北旅游路线。

这些线路的发展能够形成一种无形的魅力，让大家觉得这些区域的道教文化是发展到一定层次和水平之后才会加入到这种线路中，这样的旅游景区更具权威性。因此，作为南岳，要积极打破当前的这种独立状态，努力加入到已经存在的或者结合自身情况新创的旅游圈，形成具有南岳特色的道教旅游。

（六）“和”视角下当地居民协调“小我”与“大我”之间的关系

“和”视角下南岳生态旅游人文旅游资源开发利用的研究中，充分发挥居民的力量，鼓励他们积极投入到生态人文旅游资源的开发利用中会起到较好的效果。下面，我就从“和”视角下阐述应该如何发挥当地居民的作用。

1. 强化思想道德建设

通过对居民进行思想道德培训，让当地居民抛弃“小我”意识，真正让他们意识到环境保护和资源保护的重要性。与他们获得的经济收入相比，南岳生态旅游人文旅游资源的保护是至关重要的。当当地的居民都存在这样的观点之后，在很大程度上能够改变居民对传统发展模式的认知，构建一种新的价值观，积极从一个“破坏者”转变为“保护者”。在思想道德建设的方式中，可以采取座谈会、主题会的形式，也可以通过发相关的宣传资料，以奖励阅读的形式让居民构建新观念。这种思想道德建设产生的社会精神力量是无穷的，能够督促着广大当地居民自觉投入到生态旅游人文资源的保护中去。

2. 发挥居委会力量

鼓励居委会在日常的工作中对当地的居民进行培训，所谓的培训，主要是指培训技能和规范，让居民以一个南岳员工和保护者的角色投入到“和”视角下南岳生态旅游人文旅游资源的保护中去。在具体的细则操作中，社区可以强制执行每一户居民派一个或两个代表进行文化进修培训，培训的用度可由当局专项资金和旅游企业经商榷后按一定比例分摊，并以奖学金的形式提供给培训者。这样的培训方式能够进一步提高居民参与的积极性，对于促进他们保护生态旅游人文旅游资源有着重要的作用。

除了培训之外，也可以明确奖赏制度，定期对居民的行为进行考核和评估，对于表现好的居民，给予一定数额的金钱奖励，这样激发居民参与南岳生态旅游人文旅游资源的保护的积极性。另外，对于表现不好的居民，给予一定的惩罚，逐步打击南岳存在的拉客或者强买强卖等问题。

（七）“和”视角下游客文明旅游

中央精神文明建设指导委员会办公室与国家旅游局早在2006年就已联合颁布了《中国公民国内旅游文明行为公约》，对公民国内的旅游行为进行约束和管理。作为游客，在旅游的过程中，欣赏到生态旅游人文旅游资源美感的基础上，有责任也有义务去维护这种美感。尤其是对于旅游资源丰富且都脆弱的南岳景区来说，作为游客，要做好以下两点：

第一，强化文明意识。作为游客，要从自身意识到文明旅游，在游览的过程中，不乱扔垃圾，做到文明旅游。尤其是作为家长，更要给孩子做一个榜样。

第二，提高自身素养。旅游作为一个陶冶个人情操，增长人文知识，丰富人生阅历的过程，需要理性对待各类可能遇到的问题。例如，某些景点景观的实地旅行效果不甚理想，达不到预期期望值，名“负”其实。这种情况下，游客需要合理控制自身情绪，调整心态，而非一味责怪埋怨、甚至辱骂导游，对其他游客的正常游览造成干扰。

（八）“和”视角下媒体发挥正确的导向功能

媒体要做到公正报道，不能千篇一律对南岳旅游资源进行表扬，对于存在的问题，同样要予以披露，只有这样，才能够真正督促“和”视角下南岳生态旅游人文旅游资源开发利用工作的开展。

举一个简单的例子，2013年十一“黄金周”期间，某媒体报道了九寨沟滞留事件信息。据《东方早报》官方微博发布：“九寨沟景区由于人太多，发生滞留事件。游客抱怨，已经被堵了3小时，景区却还在对外放人，最终导致想上的上不来，想走的下不去。景区现已出动武警维持秩序。”

虽然这是一定的负面新闻，但是这客观公正的新闻能够促使当地的相关部门进一步做好本职工作，妥善解决这些问题。就当前传媒行业发展的今天来看，媒体的力量会越来越强大，如果面对着这些负面新闻，我们欲盖弥彰，那往往起到更负面的影响。所以，媒体有责任曝出相关的负面新闻，督促相关机构不断解决问题，提高旅游经济的全面发展。

另外，除了媒体发挥正确的导向功能之外，公众也要积极行使自己的监督权，以社会舆论的力量监督“和”视角下南岳生态旅游人文旅游资源开发利用工作正常开展。

第八章　森林旅游与乡村旅游融合

——以南岳衡山为例

一、南岳衡山森林旅游概况

衡山，又称南岳，我国五岳名山之一，其主峰坐落在湖南省衡阳市境内。南岳衡山七十二群峰，层峦叠嶂，气势磅礴，向来就有“五岳独秀”“宗教圣地”“文明奥区”“中华寿岳”等美誉。目前，南岳衡山是国内国家级重点风景名胜区、国家级自然保护区、全国文明风景旅游区示范点以及国家5A级风景名胜区。

二、南岳衡山森林旅游发展现状

(一)衡山森林旅游景点类型分析

为了掌握南岳衡山森林旅游资源的开发、利用现状，笔者以衡山景区相关官方介绍资料为基础，结合对祝融峰景区、古镇景区、忠烈祠景区、水帘洞景区、磨镜台景区、藏经阁景区、万广寺景区、禹王城景区以及紫金山森林公园实地调查，发现南岳衡山自然保护区的森林旅游资源大致可分成以下五类：

1. 天文气候景观类

这类景观形成于南岳衡山独特的气候、地理、植物等多种因素的综合作用。比较有名的天文气候景观有：“南岳花海”，春天南岳群峰的杜鹃、迎春、白玉兰盛开，在花海中踏春赏花不亦乐乎；“南岳云海”，在南天门的开云亭俯瞰山谷，好似一个巨大的蒸汽罐，屡屡云雾徐徐升起，祝融、天柱等诸峰若隐若现，整个景区就是如诗如画的蓬莱仙境；“南岳日出”，衡山是长衡丘陵盆地中的孤峰，在天高云淡之日，登上观日台，欣赏清晨的阳光洒满莽莽丛林。“南岳雪景”，景区的雪非常特色，洁白纷扬，让整个森林银装素裹，甚是美丽。

2. 地文景观类

这类景观是由南岳特殊的地质和地貌决定的。南岳衡山在地质构造上，是以花岗岩体的断裂构造为主，在长期的亚热带气候的作用下形成了厚层花岗岩红色风化壳。作为长衡丘陵盆地中的一座孤峰，衡山景区44座山峰群峰突起，尤以“祝融”“紫盖”“天柱”“石廪”和“芙蓉”五峰最出名。南岳衡山自然保护区代表性的地文景观又可分为山丘旅游地、谷地旅游地、石林、象形山石、岩壁与岩缝等，详见表8-1。

表 8-1　南岳衡山地文景观类型

景观类型	山丘旅游地	谷地旅游地	石林	象形山石	岩壁与岩缝
代表景观	祝融峰、天柱峰、芙蓉峰、金紫峰等	麻姑仙境、梵音谷	穿岩诗林	皇帝岩、飞来石、狮子岩、会仙桥	黄巢试剑石

资料来源：根据相关资料和实地考察结果自行整理

3. 水文景观类

南岳衡山地处亚热带雨水充沛，景区内溪流、泉水、瀑布众多，流淌在翠绿的幽林空谷中，造就了衡山森林的茂盛和秀丽。衡山众多的水文景观又可以分为观光游憩河段、观光湖泊潭池、瀑布以及自流泉等类型，详见表 8-2。

表 8-2　南岳衡山水文景观类型

景观类型	观光游憩河段	观光湖泊潭池	瀑布	自流泉
代表景观	龙凤溪风光带、千龙溪、五岳溪	华严湖、黑龙潭、卧虎潭、龙池	水帘洞瀑布	灵芝泉、虎跑泉

资料来源：根据相关资料和实地考察结果自行整理

4. 人文景观类

南岳衡山的森林旅游资源除了天赐的自然景观，更有许多底蕴深厚的人文景观。这些人文景观基本都是依山傍林而建，与南岳衡山森林融为一体，是衡山森林旅游资源的重要组成部分。总的来说，南岳衡山的人文景观可以分为遗迹遗址类景观和建筑设施类景观，具体见下表 8-3。

表 8-3　南岳衡山人文景观类型

二级类型	三级类型	代表景观
遗迹遗址	军事遗址与古战场	双忠亭、率武亭
	圣经学校	南岳军事会议会址、磨镜台一号楼、胜利坊
	废城与聚落遗迹	禹王城
建筑设施	宗教与祭祀场所	南岳大庙、磨镜台、方广寺、祝圣寺、藏经殿
	文化活动场所	万寿广场
	佛塔	金刚舍利塔
	摩崖字画	《还丹赋》摩崖石刻
	乡土建筑	衡山牌坊、南天门
	书院	邺侯书院
	陵区陵园	忠烈祠

资料来源：根据相关资料和实地考察结果自行整理

5. 生物景观类

这是南岳衡山森林旅游中最为重要的旅游资源。前文已经介绍，南岳衡山自然保护区有着众多的植物资源、动物资源和真菌资源，既可以作为观赏景观，其中还有许多生物资源具有重要经济价值。上文提及的各种珍稀动植物都是南岳衡山森林旅游的资源宝库，其中具有代表性的景观见表8-4。

表8-4 南岳衡山生物景观类型

景观类型	林地	独树	花卉
代表景观	无碍林、竹海	古银杏、迎客松、连理枝、同根生、摇钱树	树木园

资料来源：根据相关资料和实地考察结果自行整理

6. 森林旅游商品类。随着南岳衡山旅游业的不断发展，景区内的许多自然资源都被开发成旅游商品，成为南岳旅游业的一部分，也成为了南岳衡山景区政府、居民以及旅游经营企业重要的收益来源。目前，南岳衡山的森林旅游商品主要有菜品饮食、中草药和手工艺品三大类，详见表8-5。

表8-5 南岳衡山森林旅游商品类型

商品类型	菜品饮食	中草药	手工艺品
代表产品	云雾茶、雁鹅菌、猕猴桃、观音笋	黄精、野菊花、八角莲、益母草、白茅、车前草、凤仙花、千日红，等等	竹木根雕、花岗岩工艺品、紫砂陶工艺品、保健凉席

资料来源：根据相关资料和实地考察结果自行整理

(二)衡山森林旅游游客构成分析

随着我国经济的飞速发展以及南岳衡山旅游接待市场的不断壮大，南岳衡山景区的游客接待人次从1984年的67万增长到2008年的360万左右，到2012年游客人数达到608万左右。从2009年到2012年，南岳衡山游客人次和增长率的变化情况见表8-6。这些数据告诉我们，近年来南岳衡山的游客数量增长迅速，在未来的一段时间内南岳衡山的旅游业还将持续发展。

表8-6 2009—2012年南岳衡山游客接待情况

年份	2009年	2010年	2011年	2012年
接待人次(万)	377.14	420.23	503.06	608.48
增长率	4.84%	11.42%	19.71%	20.95%

资料来源：根据南岳区统计局南岳区国民经济和社会发展统计公报相关数据整理

为掌握南岳衡山森林旅游发展的真实状况以及森林旅游资源开发中存在的问题，我们分别于2013年8月1日至7日，2013年10月1日至3日，在南岳衡山进行了为期10天的抽样调查和随机访谈调查。两次调查共计发放有效问卷750份，共计收回有效问卷610份，问卷回收有效率为91.33%。我们将门票处、半山亭、祝融峰、南天门、南岳大庙和万寿广场作为主要的问卷发放点，以相关森林旅游游客统计资料、旅游资源评价、游客建议等作为此次南岳衡山森林旅游资源开发研究的一手资料。笔者的调查主要集中在南岳衡山旅游者构成、旅游者生态环境意识与行为以及对南岳森林旅游评价等方面。

在南岳衡山旅游者的构成方面，跟两次实地调查的平均结果，来南岳衡山旅游的本省游客居多，占总数的56%，外省游客占44%。本省的游客多半来自衡山周边地区，如衡阳、娄底、邵阳、长沙、株洲、湘潭、郴州等地；而外省的游客多半则来自于湖南周边省份，主要是广东、广西、湖北、江西，沿海的江苏、浙江、上海、福建等也有部分游客。从旅游者的职业结构来看，如图8-1所示，第一次调查中学生占27%，企业主及商务人员占20%，专业技术人员占18%，公务员占14%，蓝领工人占7%，这几个职业占旅游者总数的86%；第二次调查中企业主及商务人员占25%，专业技术人员占20%，公务员占18%，学生占16%，蓝领工人占9%，这几个职业占旅游者总数的87%。

第一次调查旅游者职业构成

学生
企业主及商务人员
专业技术人员
公务员
蓝领工人
农民
其他

第二次调查旅游者职业构成

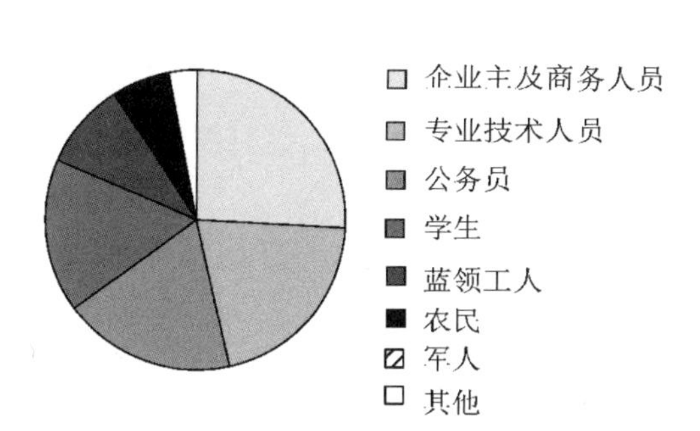

图8-1　南岳衡山旅游者职业构成

从南岳衡山旅游者的受教育程度来看，两次调查的结果相差不大，这里取两次数据的平均值，具有大学学历(包括大学本科和专科)的旅游者占总人数的58%，高中学历占29%，研究生学历占7%，初中及以下占6%(图8-2)。从旅游者的学历构成和职业构成来看，衡山旅游者在对生态、环境等方面的认知相对较高，特别是许多旅游者有亲近自然、释放工作生活压力的需要，因此，发展森林旅游将是南岳衡山景区的必然趋势。

从南岳衡山旅游者旅游行为的动机来看，如图8-3所示，有30%的旅游者的旅游动机是宗教朝拜，有27%的旅游者是为了登山，有26%的旅游者是为了自然观光，有12%的旅游者是为了休闲度假，持有这四种动机的旅游者占南岳衡山旅游者总数的95%。从这些数据可以看出，登山的旅游者和自然观光的旅游者在动机上就是直接与衡山的森林相关的。因此，森林旅游确实是南岳衡山景区旅游服务的最重要组成部分。

图 8-2　南岳衡山旅游者学历构成　　**图 8-3　南岳衡山旅游者旅游动机构成**

在旅游者对南岳衡山印象最深刻的旅游资源的调查中（图 8-4），有 40% 的旅游者印象最深刻的是南岳的宗教古建筑，有 27% 的旅游者印象最深刻的是南岳的岩石和地形地貌，有 25% 的旅游者认为是古树名木和奇花异草，有 12% 的旅游者认为是溪流瀑布，有 6% 的旅游者认为是旅游商品。而从图 8-5 来看，在南岳衡山景区，旅游者最满意的旅游体验分别来自：山水风光（32%）、人文古迹（30%）、生态环境（24%）、特色民俗（6%）、疗养胜地（4%）、旅游商品（3%）、娱乐设施（1%）。旅游者印象最深刻的旅游资源和最满意的旅游体验的统计结果说明，南岳衡山最主要的旅游资源就是历史文化资源和自然森林资源。可以断言，在这个注重生态文明的时代，南岳衡山的森林旅游将不断升温。

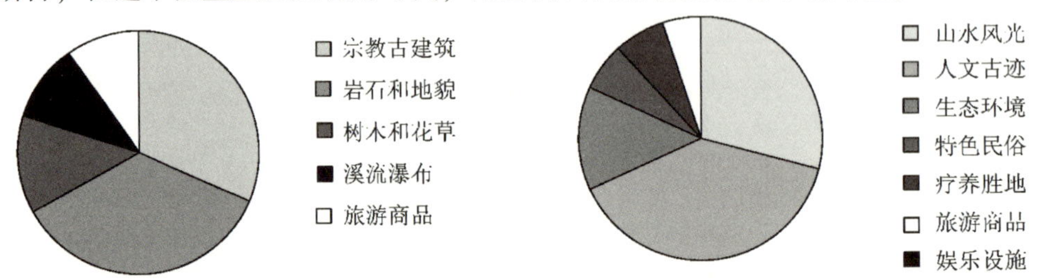

图 8-4　旅游者印象最深刻的旅游资源　　**图 8-5　让旅游者获得最满意旅游体验的景观**

（三）南岳衡山森林旅游收入分析

发展旅游也能促进经济增长，这已是不争的事实。近年来，南岳区以创建国家全域旅游示范区工作为统揽，紧紧围绕“三五一”工作思路，形成“景区驱动 + 全域共治 + 全民共享”的全域旅游模式，实现景点旅游向全域旅游转变。2019 年 1—6 月接待游客 449.53 万人次，增长 12.62%；实现旅游总收入 34.34 亿元，增长 13.72%；完成门票收入 15543.21 万元，增长 14.07%。

三、南岳森林旅游资源及其开发评价

从上述总结的南岳衡山森林旅游资源的自然地理优势、区位交通优势、生物资源优势和人文资源优势来看，南岳衡山不仅是具有得天独厚的自然森林资源，而且这些资源还有着深厚的人文底蕴。在三十多年的旅游开发中，南岳衡山的许多特色森林旅游资源基本已开发出来，并为当地政府、企业和居民创造了巨大的经济利益，也给众多旅游者带来无尽的快乐和美好记忆。就南岳衡山的森林旅游资源而言，它具有“三大重要价值”，给社会带来了“三种主要效益”。衡山森林旅游资源的三大重要价值主要包括：一是旅游艺术价值。南岳衡山森林旅游资源非常丰富，峰峦叠起、飞瀑流泉、古树名木、珍禽异兽等，都是纯天然的精美艺术品，是大自然赐予衡山的鬼斧神工般的特色旅游资源。二是历史文化价值。衡山是我国的五岳名山之一。山林间林立的人文古迹、名观古刹证明了衡山所拥有的灿烂历史文化，也是历史留给世人的珍贵文物胜迹。三是科学研究价值。南岳衡山的地质土壤、珍稀动植物、群落生态系统、遗址遗迹、石刻建筑等都具有很高的科学研究价值。

在南岳衡山森林旅游资源的开发过程中，森林旅游资源的开发所带来的三种主要效益则是指：一是经济效益，即通过发展衡山森林旅游，直接为衡山地区的政府、居民以及相关旅游企业带来的经济收入；二是社会效益，即随着衡山森林旅游的发展，衡山地区的运输、酒店、贸易、餐饮、娱乐等产业也得到长足发展，新增了许多就业岗位，活跃了当地的商业和产业，促进了经济社会的发展；三是环境效益，即通过有意识的森林旅游开发和森林旅游区的保护，维护衡山生态系统的多样性和森林资源的永续性。不过，在看到南岳衡山森林旅游资源开发带来的经济效益、社会效益和环境效益的同时，我们也应认识到旅游开发给森林带来的负面影响，以及开发行为本身存在的缺陷。

四、衡山森林旅游开发中的问题

(一)衡山森林旅游设施建设问题

南岳衡山虽说是历史悠久的旅游名山，各种旅游资源丰富。但是，在南岳衡山森林旅游业的发展过程中，特别是在森林旅游设施建设上还存在以下问题：

一是部分森林旅游资源缺乏深度开发。据调查，南岳许多森林自然观光资源中，低海拔的景观最具优势，而最佳观赏点则要到海拔 600 米之上。而且，南岳衡山森林度假资源也多集中在海拔 600 米以上的区域，但这一海拔之上的森林旅游资源的深度开发却存在一定的难度。蔡克信①就曾指出，海拔 600 米以上的森林区域，视觉景观质量好，且避暑气候与森立生态环境有一定的优势，然这些区域都多云雾，空气湿度较高，可利用土地地块的面积小而分散再加上开发受到环境保护政策的制约，极大地限制了部分森林旅游资源的开发利用规模。

① 蔡克信．衡山旅游资源的特色分析及其评价[J]．中国旅游报，2011-1-3(006)．

二是水上旅游项目缺乏。水域是南岳衡山森林的重要组成部分。上文已将衡山森林中水域旅游资源分为观光游憩河段、观光湖泊潭池、瀑布以及自流泉等四种，这说明衡山森林旅游可开发的水上旅游项目应该是很多的。但是，目前南岳衡山旅游尚无完善的水上旅游项目，这不得不说是一种遗憾。虽然，九观桥和大源渡水上旅游项目已投入使用，但却位于衡山县境内，并不隶属南岳区，无法纳入衡山森林旅游的范围。

三是交通资源与国家5A级旅游景区不相匹配。虽然南岳衡山头顶国家级重点风景名胜区、国家级自然保护区、全国文明风景旅游区示范点以及国家5A级旅游区等多项闪亮的帽子，但是在一些基础设施的建设上还是相对滞后。到目前为止，进入景区的主要交通运输工具就是汽车，但是相关公路的运输能力还有待提升，景区内大型停车场的建设与管理也存在不足。

四是南岳衡山森林旅游市场尚不健全，旅游服务的质量有待提高。森林旅游作为一种新兴的旅游形式，其产品的供给形式、价格、服务的质量、服务人员的素质等都缺乏标准化的统一规范与管理。笔者在南岳衡山的实地调查发现，旅游者对南岳衡山景区提供的旅游服务，有50.5%的旅游者感觉一般，有16.7%的旅游者感觉差，认为好或非常好的占32.8%。而且，许多旅游者对今后衡山旅游业发展提供的意见和建议，也主要是集中在改善旅游服务设施和提高旅游服务质量方面。

(二)衡山森林旅游环境污染问题

这里所指的环境污染是指旅游业发展带来的常住人口和流动人口的增加，而造成的南岳衡山自然保护区的固体垃圾污染、水污染、土壤污染和空气污染等。这些污染不仅会降低南岳衡山景区的环境质量，还会对景区内的森林生物资源造成毁灭性的影响。

为了处理数量庞大的垃圾，南岳衡山景区先后建立了两个垃圾场：一个是兴隆村垃圾场；一个是烧田村垃圾场。由于垃圾的主要处理方式主要是焚烧和填埋，因而引起了当地居民的抗拒和反对。虽然南岳区政府和衡山景区现已投入大量资金兴建和完善污水处理厂、垃圾中转站、垃圾处理厂，积极探索垃圾的减量化、无害化和资源化的道路，但是总的形势仍然比较严峻。

在对南岳衡山旅游者的文明程度进行调查时，数据显示，约75%的旅游者认为衡山旅游者的文明程度一般，18%的旅游者认为衡山旅游者的文明程度很高，还有7%的认为旅游者文明程度很差。而且，通常的不文明行为主要有这样几种(图8-6)：一是乱扔垃圾，占35%；二是焚烧香烛，占30%；三是乱刻乱画、攀折花草树木，占18%；乱点烟火13%。南岳衡山景区的森林环境污染，除了来自生活垃圾污染外，主要的污染源就是这些不文明的旅游行为。虽然前文的数据显示，南岳衡山半数以上的旅游者具有大学及以上学历，但是还是存在部分旅游者学历与环保意识脱节的问题。再对乱扔垃圾、攀折花草树木等不文明行为的原因进行调查是，数据显示(图8-7)，40%的旅游者认为是由于个别旅游者的环保意识不强，30%的旅游者认为是管理部门宣传与管理不得力，18%的旅游者认为是旅游者整体环保意识不高，10%的旅游者认为不文明行为是偶然行为，2%的旅游者认为是其他一些原因。

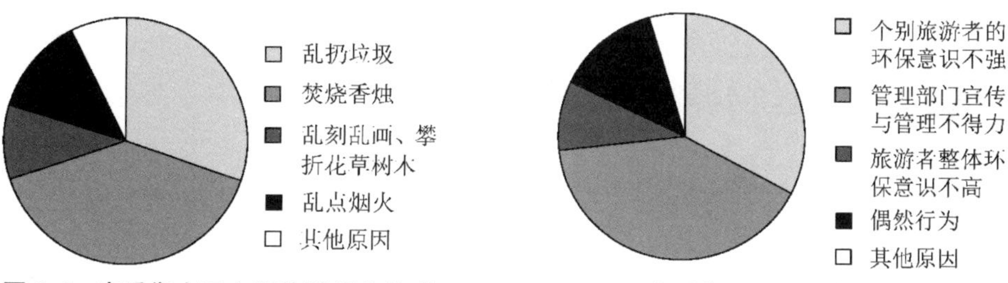

图8-6　南岳衡山不文明旅游行为构成　　8-7　南岳衡山不文明旅游行为的原因

(三)衡山森林旅游资源破坏问题

南岳衡山森林旅游资源在旅游业发展过程中遭到的破坏这要来自这样三个方面：一是森林旅游资源开发对森林的毁坏以及到该区域野生动物的负面影响；二是大量旅游者的进入，超过了森林承受的临界点；三是旅游过程所带来的环境污染，对森林生态系统造成损害。从森林旅游对植物资源的破坏来看，主要有这样三种：一是旅游者行为对衡山植被的直接伤害；二是伴随人类介入而来的外来物种侵袭；三是旅游基础建设和不适当的旅游方式导致一些古树名木死亡。据统计，南岳衡山自1984年发展旅游业以来，有278棵古树名木死亡，其中死亡最多的是马尾松，多达261棵。

旅游活动对南岳衡山野生动物的影响主要是这样两种情况：一是景区建设与旅游者介入改变了原有的森林格局；二是某些特殊的野生动物种群直接受到人类的捕杀。陈芳等人①的调查数据显示，1998—2007年，衡山广济寺惊蛰前后，4种蛙类的数量大幅度减少，其中黑斑蛙和虎纹蛙减少50%，大树蛙减少30%，小山蛙减少20%；蛇类也明显减少，滑鼠蛇减少88%，眼镜蛇减少了75%乌梢蛇减少68%，银环蛇减少67%，王锦蛇减少66%，灰鼠蛇减少61%，黑眉锦蛇减少45%。野生动物是维持生态系统能量平衡和物质循环的重要环节，具有不可替代的价值与生态服务功能②。南岳衡山野生动物的减少，将直接降低衡山森林生态系统的生物多样性，使生态平衡被打破，不利于衡山森林旅游乃至衡山地区经济社会的可持续发展。

---

①　陈芳，黄继，黄洲康．旅游开发对南岳衡山蛙类和蛇类数量的影响[J]．贵州农业科学，2010，38(10)：225－227.

②　蒋志刚．野生动物的价值与生态服务功能[J]．生态学报，2001，21(11)：1909－1917.

总的来说，南岳衡山森林旅游在开发建设和发展的过程中，在创造了经济效益、社会效益和环境效益的同时，由于某些森林旅游资源开发难度大、开发规划的缺陷、管理机制的弊端以及人们保护森林资源的生态意识有待提升等主、客观原因，使得衡山森林旅游在设施建设、森林资源与环境保护等方面出现了一系列问题。这些问题如果得不到妥善解决，它们将成为南岳衡山森林旅游可持续发展的重要障碍。

五、衡山森林旅游可持续开发策略分析

衡山森林旅游在发展过程既带来了收益，也给森林带来了困扰。在南岳衡山未来的森林旅游开发中，必须坚持可持续开发的原则，做到开发与保护并重。

（一）搞好衡山森林旅游的科学规划

保持衡山森林和自然景观的可持续性，维护衡山森林生态环境和系统的完整性与平衡，这是南岳衡山森林旅游的发展必须始终坚持的原则。

1. 开发“景区内体验，景区外服务”的森林旅游模式

为了最大限度的保护衡山的森林生态环境和生态系统的完整性，我们应尽可能减少森林旅游开发中人为活动对森林的影响，应将所有非森林旅游体验相关的旅游相关配套服务移出景区，即实施“景区内体验，景区外服务”的森林旅游开发模式。这种模式的实质就是在衡山的森林区域为旅游者提供亲近自然、感受森林景观之美的旅游体验，而将其他一切相关旅游服务设施（如餐饮、住宿）建设于景区森林的外围。考虑到衡山自然保护区土地资源的限制，管理部门应考虑将衡山县纳入衡山大旅游圈。同时，还要以生态经济理论为指导，因地制宜地规划森林旅游项目，并进行科学论证，避免重复建设。

2. 测算游客人数临界点，控制旅游者的数量

不论是森林生态系统，还是其他类型的生态系统，其承载能力和自我修复能力都是有限度的。因此，衡山森林旅游区的所接待的旅游者数量，必须充分考虑到森林的承载能力和自我修复能力。当旅游者人数达到森林环境与森林资源遭到损害且又无法通过自然力得以恢复时，旅游者的人数便达到了临界点。南岳衡山森林旅游开发在遵循旅游业发展规划一般原则的同时，更要尊重森林生态系统的运行法则。当来衡山的旅游人员超过这一临界点，衡山的森林就会遭受破坏性的影响，森林生态系统便会失衡。因此，为了防止衡山森林旅游旅游者人数接近或超过临界点，必须在进行森林旅游开发时设计合理的旅游线路，控制旅游者的数量，必要时应不惜放弃眼前的经济利益，而保护森林资源的可持续性。

根据可持续发展的理论，作为一种逐渐兴起的生态旅游形式，南岳衡山的森林旅游必须做到既满足衡山地区发展旅游业、振兴经济的需要，又要保护衡山的森林生态系统，将当代人与后代人的利益、森林旅游开发与森林保护结合起来，把森林旅游打造成既不以牺

牲森林资源的持续性为代价，又能实现人与自然和谐发展的生态旅游形式。

（二）完善衡山森林旅游的基础设施

发展森林旅游是南岳衡山旅游业持续发展的重要战略，而森林旅游的发展必须结合衡山特色森林资源优势，针对不同层次的旅游者，尽可能满足他们不同的旅游需求和兴趣，挖掘形式多样、文化内涵丰富的森林旅游项目。森林旅游的基础设施应该包括这样两个方面：一是具体的森林旅游项目和旅游线路；二是森林旅游的相关配套设施。南岳衡山自然保护区的旅游业有明显的淡季和旺季，以 2012 年为例，年日平均接待人数为 1.67 万人，而国庆黄金周日平均接待人数则多达 5.4143 万人，可见衡山旅游业发展存在客源不足和不均的问题。衡山森林旅游想要在激烈的竞争中立于不败之地，就必须在旅游项目上推陈出新，打造精品森林旅游线路，努力吸引客源。

1. 可持续开发衡山特色森林旅游资源

首先，对于衡山的传统森林旅游项目应继续保持并发扬光大，如“龙凤潭观瀑”“鉴赏摩岩碑刻”“磨镜台探幽”“天柱峰攀高”等。其次，进一步以南岳古树名木、奇花异草、林海、竹海为依托，建立森林公园，打造兼具避暑、度假、健身疗养的森林旅游基地。值得注意的是，在开发衡山自然森林旅游资源时，为了保证森林旅游开发的可持续性，必须充分考虑生物多样性与生态系统的功能。因此，南岳衡山森林旅游开发部门应特别注意森林的林龄、林型和空间结构，并与整个景观相结合①。如在广济寺沿龙凤溪一带，有大片的原始次生林以及一千多亩竹林，珍稀植物绒毛皂荚便在此生长，且这一带溪流、瀑布穿流而过，景色甚是优美秀丽，空气清新，是度假、避暑、疗养的好去处。再次，利用衡山的特殊地质、地貌和生物资源，大力发展极具潜力的科学旅游，开发与科学研究相关的系列旅游产品，如可以同相关高校或科研机构合作建立动植物研究中心、地质地貌研究中心以及气象气候研究中心等。另外，还要进一步建设和完善以南岳衡山独特的雪景、雾凇、日出等森林环境资源为依托的观日出、赏雾（雨）凇、凌冰雪等专项生态旅游活动。

2. 进一步完善衡山森林旅游配套设施

森林旅游和其他类型的旅游活动一样是一种综合性活动，这要求森林旅游这一产业的综合性，以及相关旅游服务供给的综合性。旅游不仅是“游”，更是包括“吃、住、行、游、购、娱”等多种活动的综合性社会活动。所以，发展森林旅游就不能仅仅停留在森林旅游项目的建设上，而应从森林旅游线路、旅游目的地形象、旅游商品、旅游饭店、旅游宾馆、旅游交通、旅游文化娱乐设施以及其他相关旅游服务的提供等众多方面，完善森林旅游的基础设施的建设及服务过程。在南岳衡山森林景区内，要大力完善森林旅游硬件设

① 李慧卿，江泽平，雷静品，等．近自然森林经营探讨［J］．世界林业研究，2007，20(4)：6－11.

施，提高旅游服务水平。一是要加强衡山森林景区公交车站与停车场的建设，加强对森林环境卫生的管理以及森林景点标志与指示牌的建设；二是按照“景区内体验，景区外服务”的开发模式，完善景区外的饭店、宾馆建设，并将建设重心置于南岳区和衡山县县城；三是美化森林旅游环境，特别要控制各种污染在森林中的蔓延，注重对森林生态环境的保护和绿化；四是大力加强对衡山景区管理者人员与定点导游员的生态环保意识教育、安全意识教育，为广大旅游者营造一个舒心、惬意的森林旅游服务氛围。在南岳衡山景区外，进一步加强衡山对外旅游交通以及经济联系。把握京港高铁、湘桂高铁的带来的战略机遇，以岳临高速、衡邵高速、泉南高速、京港澳高速、衡枣高速等高速和107国道为主要脉络，加强景区与衡山及衡阳毗邻县市的旅游交通建设，特别是要高水平、高规格地建好衡山火车站，大大提升南岳衡山旅游的总体交通运输能力与接待水平。

六、可持续开发衡山森林旅游产品

(一)发掘衡山森林旅游文化内涵

文化是旅游产品的灵魂。衡山森林旅游产品除了上文提到的实物层面的森林旅游商品，其实还包括景区的旅游相关服务以及旅游者在游览、体验过程中获得的满足感。在一定程度上，吸引旅游者的旅游产品更多的是后两种。文化则贯穿于所有旅游产品中，文化特征越明显的旅游商品，往往具有更高的价值，也最容易受到旅游者的青睐。在广泛开展的森林旅游活动中，可以说文化是旅游传播的重要支撑，也是文化让森林这种纯自然的资源打上了多彩的人文要素，从而为人类陶冶情操提供了精神支持①。从南岳衡山的人文资源优势来看，最能代表衡山特色的历史文化便是宗教文化和寿文化。因此，在南岳衡山旅游资源的开发过程中，应以宗教文化和寿文化作为主题文化，森林旅游产品的开发也应紧紧围绕这两个品牌进行，采取高起点、高定位的发展思路，把森林旅游视为是出口商品、出口服务、出口风景、出口文化的大旅游。如可以将“寿佛”“百寿图”“万寿鼎”“麻姑献寿”“龙凤配”“圣帝像”“南岳素食”“特色珍稀动植物”等作为特色雕刻、手工艺品开发的核心文化主题，让它们成为南岳衡山森林旅游商品的标志。但需要注意的是，在充分发挥衡山楠竹、林木、紫砂以及花岗岩等自然资源优势的同时，还应充分突出地方特色，综合运用当地制作工艺和异地制作工艺、手工工艺和机械工艺、传统工艺和现代科技，研制开发一大批独具匠心的森林旅游商品，不仅要促使其档次提升和品种增多，更要增强其艺术性和时代感更强②。同时，要结合当代重视生态文化、环境保护、绿色养生等时代理念，

① 屈中正．挖掘文化资源 促进森林旅游[J]．林业与生态，2001，(2)：38－39.

② 彭蝶飞．南岳衡山旅游商品的发展探讨[J]．南华大学学报(社会科学版)，2006，7(4)：111－114.

依托南岳衡山的森林资源优势，推出具有生态、绿色文化元素的绿色森林旅游商品、绿色森林旅游主题活动、回归自然的绿色旅游体验等森林旅游产品。让绿色文化成为南岳衡山森林旅游的一张新名片。

(二)打造衡山森林旅游品牌形象

南岳衡山森林旅游品牌形象的打造主要应在这样两个方面努力，一是深度开发森林旅游商品，提升有形商品的质量；二是扩大衡山森林旅游的总体知名度，建立衡山森林旅游品牌形象。

1. 深度开发衡山森林旅游商品

到目前为止，南岳衡山的森林旅游商品基本以涵盖了衡山所有资源优势的森林资源，但是存在上文所述的众多问题。未来衡山森林旅游商品的开发，必须走深度开发的路线。换言之，衡山森林旅游商品应重新定位，包括这样三个方面：一是以特色资源为主打，实现产品多元化定位。衡山森林旅游商品的开发应充分依托当地森林资源优势，形成以土特产、精加工的食品、饮品、中草药制品，以及雕刻和竹木、岩石等手工艺品构成的多元森林旅游商品格局。二是多元化价格定位。这要求衡山森林旅游产品反思以往的低档次价格的价格定位，开发以中偏低档次价格为主体，适当开发高档次价格的森林旅游商品。三是森林旅游商品购买地点的重新定位。南岳衡山景区旅游管理部门可以考虑在整合衡山旅游商品经营商户，形成具有规模优势和管理有序的大型旅游商品集市，鼓励发展定点商场、定点摊位。

2. 提升衡山森林旅游的知名度

提升知名度，是打造衡山森林旅游品牌形象的重要内容。宋秀虎①在研究施恩州森林旅游资源开发时指出，为了提升森林旅游的知名度和品牌形象，可以在中央电视台播放该地森林旅游总体形象广告，在省、市电视台开设森林旅游专题节目，使成为这里的森林旅游成为全国旅游者向往的热点地区。除了“五岳独秀”的山岳自然景观，南岳衡山还有着得天独厚的特色森林旅游资源，如各种珍稀名贵树木、动物以及罕见象形山石等。南岳衡山自然保护区应抓住全球范围构建生态文明的时代特点和生态旅游发展的热潮，以多种方式加大对森林旅游的宣传促销力度，如组织森林旅游促销团赴外地进行宣传，举办大型的森林旅游会展，通过书刊、报纸、电视、广播、网络等传统的、现代的传媒工具，向国内外介绍衡山的特色森林旅游资源，提升其在国内外的知名度，将南岳森林的魅力展现给世人。特别值得强调的是，要注重提升衡山森林旅游的品牌内涵，向旅游者提供体验式、参与式的森林旅游项目，不要让旅游者仅仅停留在观光拍照的层面。森林旅游品牌形象的核

---

① 宋秀虎．恩施州森林旅游资源的开发研究[J]．安徽农业科学，2007，35(29)：9333－9334.

心价值理念应是自然、绿色、和谐。南岳衡山景区应秉承这样的价值理念，为旅游者提供具有衡山特色的优质森林旅游产品。说到底，森林旅游的品牌形象就是旅游者的满意度，就是游客的口碑。

特别值得注意的是要大大提升衡山森林旅游商品的知名度。南岳衡山是国内有名的旅游景点，这一点已经是世人皆知的事实。但是，衡山的森林旅游商品却没有给人留下什么印象。而在泰国，旅游总收入中则有40%来自旅游商品的销售。因此，南岳衡山应打造一些具有地方特色的优质森林旅游商品，通过导游、旅游企业、电视、网络、报纸等多种宣传渠道提升森林旅游商品的知名度，树立名品形象。另外，还有必要建立一个结构合理、规模适中、人员素质高的旅游商品管理机构。该机构主要是要对衡山森林旅游商品提供质量标准体系，并作为商品设计者、生产者、经营者和消费者之间联系和沟通的桥梁。

（七）全力保护衡山森林旅游生态环境

1. 加强景区环境保护与治理

目前，对南岳衡山森林生态环境造成破坏的影响因素主要有两种：一是旅游活动过程带来的森林环境污染；二是旅游资源开发和旅游业发展造成的森林斑块。而从南岳衡山森林环境的污染源来看，污染主要是水污染、生活垃圾污染和旅游垃圾污染。旅游垃圾典型来源的就是衡山的焚香化纸，不仅有固体垃圾污染，还有空气污染。因此，景区在香、纸的提供上就应有所改变，将塑料包装袋改成纸袋，将排香改成线香，并减少鞭炮的燃放。同时，要引导旅游者焚香的理念，并不是香烧的越多越贵就是敬佛，而是要强调心诚。对于景区内的污水和生活垃圾，应尽量减少原地堆放和就地掩埋，避免因污水、垃圾对森林造成的毁灭性影响。最佳的办法是由当地政府主导，建立处理能力强的垃圾处理厂和污水处理厂，依据循环经济的理念和原理，在处理垃圾和污水的同时变废为宝，尽可能将森林环境污染讲到最低。对于衡山景区内溪河的水污染，一方面，要减少污染物进入溪河，另一方面，是要保证这些溪河的水流量。笔者在调查时发现，部分溪河由于水流量不足成为枯溪死流，导致废水无法单独形成径流，最终成为臭水池、臭河沟。因此，必须实施湘水调入工程，并充分利用景区内水库的水量调节功能，确保景区溪河的净流量，如此既可以治理水污染，又可以打造森林溪河景观。

另外，必须加强对南岳衡山自然保护区内建筑物的专项治理，控制森林的破碎化，减少对森林的人为破坏。对建筑物的专项治理包括三大块的内容：一是森林旅游开发中人工建筑的修建布局要合理，使其对森林的影响降至最低；二是衡山景区内宾馆、餐馆等私营单位的建筑要部分拆除；三是景区内当地居民的有组织的搬迁。尤其是宾馆等私营单位的建筑和居民点建筑，不仅布局分散、建筑面积宽、斑块数量增加，而且还带来分散的、无人管理的垃圾，对森林造成损害。

2. 保护和培育衡山森林资源

南岳衡山的森林资源虽然十分丰富，但随着旅游业的不断发展，人类影响的增加，整个南岳衡山的森林生态也曾出现各种失衡问题。为了保证南岳衡山森林旅游及整个旅游业的可持续发展，景区应该秉承生态和谐、敬畏生命等现代生态文明理念，加强对森林资源的保护和培育。南岳衡山森林资源的保护，应遵循这样的基本原则：不能简单地强调完全的保护或封禁，必须在维护生态系统整体功能的前提下，进行适度的经营模式的试验与研究，以实现生态保护与社会和谐双赢的目标①。

重点应该对这样两种资源进行保护：

第一，加强对树木林业资源的保护。易爱军和刘俊昌②指出，发展森林旅游应尽量保持森林风景的自然特色，强化对旅游风景林、古树名木和各种纪念林的保护，并严格控制旅游者人数，尽量减少森林旅游活动对森林及其环境的负面效应，妥善处理好资源开发与保护之间的关系。狭义上的森林就是指树木，尤其是南岳衡山的原始次生林，这是衡山最重要的旅游资源之一。对这种森林资源的保护，主要是一要禁止衡山景区原始次生林的砍伐，对经济林的砍伐也必须合理合度；二要加强对衡山景区内古树名木的保护和管理，禁止一切短视行为对古树名木的破坏；三要积极引导旅游者爱护和珍稀古树名木，禁止各种乱涂乱画乱刻的不文明行为，保持森林的原生态；四要保持并增加衡山景区的森林覆盖率，长久保持衡山的这张绿色名片。

第二，加强对衡山野生动物的保护。近年随着国家林业政策以及南岳衡山景区对林木保护力度的加大，衡山的森林植被有所增加，但野生动物则出现减少的趋势，其主要原因是旅游活动对野生动物的负面影响和人为的捕猎活动。有调查显示，衡山景区的各类宾馆和饭店很多都经营蛇类、蛙类、大鲵等野生动物。因此，保护野生动物一方面要加大对违法捕猎的打击力度，另一方面则要改革景区内的饮食文化，将衡山的绿色文化、佛道文化作为景区餐饮文化的主导文化，引导旅游拒食野生动物，引导经营者不提供野生动物菜品，从而保证自然野生动物的种类和数量，使衡山森林的生物链和食物网保持平衡。另外，由于旅游景点的相继开发，森林内出现越来越多的影响斑块，森林破碎化的现象越来越明显，不仅会降低景区的森林覆盖率，更会影响野生动物的生活习性、破坏其生活环境。以南岳衡山自然保护区内的公路和游步道为例，按照 147. 06 千米的公路里程和 65 千米游步道里程，每条公路平均路基宽 4. 5 米和游步道宽 1 米来计算，公路占地面积 66. 177 万平方米，游步道占地面积 6. 5 万平方米。再加上景区内的人工景观、游乐设施、宾馆等建筑的面积，使得衡山森林中的斑块数量和面积越来越大，导致森林破碎化，许多野生动

① 林群，张守攻，江泽平．国外森林生态系统管理模式的经验与启示[J]．世界林业研究，2008，21(5)：1 –6.
② 易爱军，刘俊昌．我国森林旅游产业的现状及发展对策[J]．中国林业经济，2010，102(3)：5 –7.

物的栖息地被人为分割，影响野生动物的自由迁徙，最终将打破森林的生态平衡。因此，衡山森林旅游资源的开发，必须充分考虑到斑块对森林的影响，尤其是要降低对野生动物的影响，可在旅游区建立野生动物走廊，更加有效地保护景区的野生动物。

（八）完善森林旅游可持续的保障体系

1. 开展多维生态教育以普及生态理念

森林旅游是一种生态旅游，它要求其从业人员必须掌握必要的森林旅游知识、专业技能和职业道德，也要求从业人员具有较高的生态素质和生态意识。首先，南岳衡山自然保护区以及相关森林旅游企业应加强管理人员和服务人员的培养，提高衡山森林旅游从业人员的生态素质。也只有旅游从业人员具备了保护森林、爱护森林的意识和能力，才能引导更多的旅游者在享受森林旅游的同时爱惜森林资源。其次，要营造宽松、优惠的政策环境，鼓励其他领域的优秀人才加入森林旅游从业队伍，并吸引高校或科研单位的人才和景区合作从事森林旅游的科学研究。森林旅游业的发展，除了取决于森林旅游资源之外，关键还在于森林旅游人才①。高素质的森林旅游人才是高质量的森林旅游服务的保证。

本地居民是保护衡山森林旅游资源的主力军。景区管理方不仅要协调好森林保护、居民受益与旅游业发展之间的关系，还应充分利用各种媒体手段，利用多媒体演示、广播、报纸等宣传途径，向南岳衡山自然保护的全体居民开展森林旅游资源保护的宣传和教育，引导当地居民增长森林旅游资源保护的知识，提升他们的生态素质。对于旅游者，景区在设计具体的森林旅游线路和建设相关旅游项目时，必须注意融入森林资源保护教育的内容，寓教于游，使广大旅游者在体验森林旅游的同时获取相关森林旅游资源保护的知识。同时，要充分利用导游人员和相关森林旅游服务人员的讲授和感染，将生态道德教育贯穿于森林旅游活动中的食、住、行、游、购、娱，从而潜移默化地使旅游者自觉爱护森林生态环境。

2. 健全衡山森林旅游开发与管理制度

作为一种新的旅游形式，森林旅游的发展仍处在起步阶段，其有关开发和管理方面的各项制度尚不完善。作为未来旅游业发展的重要趋势，森林旅游的相关制度必须不断细化并与时俱进。通过制定森林旅游的法律法规与管理措施，使我们的森林自然景观和文化遗产得到有效保护，使森林旅游业成为一种可持续发展的绿色产业②。南岳衡山自然保护区的管理部门应根据我国的《中华人民共和国环境保护法》《中华人民共和国森林法》《中华人民共和国自然保护区条例》和《森林和野生动物类型自然保护区管理办法》等法律法规，制

---

① 桑景拴．我国森林旅游资源开发利用刍议［J］．林业建设，2007，（1）：28－31.

② 李凡．森林旅游资源开发与保护要“同步”进行［J］．中国林业产业 2007，（10）：40－43.

定衡山森林旅游开发和管理的具体制度和细则。在衡山森林旅游的开发方面，在贯彻和落实相关法律精神的基础上，进一步健全衡山森林旅游开发的森林生态环境保护方案的可行性论证制度、森林旅游规划方案评估制度、森林旅游项目建设审批制度、森林旅游资源有偿使用与补偿制度、森林生态环境监测制度等。在衡山森林旅游的管理方面，主要是进一步规范森林旅游经营者和旅游者的行为，可以制定森林旅游服务质量标准、森林旅游守则等制度。通过健全和完善森林旅游的法规、条例和制度，实现森林旅游发展的法制化、规范化以及制度化。

第九章　体育旅游与乡村旅游的融合
——以南岳衡阳山为例

契合特定体育锻炼相适应的自然资源是开展体育旅游的基本条件。南岳以其独特的自然资源，独特的山体特点，在华南地区享有崇高的地位。其体育旅游的资源丰富。南岳以其特有的旅游资源吸引着来自五湖四海的游客，历史悠久的祭祀宗教文化和特有的良好自然资源在众多名胜古迹中独树一帜，宗教朝拜和登山游览南岳游客成为感受南岳魅力的主要方式。据有关资料总结，南岳年游客接待人次从1984年的67万左右发展到2003年的281万人次，2010年更是达到400余万人次，旅游收入在国内众多名山大川旅游景区中位居前茅。登山游客的比例的提高，反映出登山健身旅游已逐渐成为人们调节生活节奏，缓解生活压力，提升生活质量的主要方式。由此可见，南岳衡山体育旅游携名山优势，具有潜在的巨大市场。

一、南岳衡山概貌

南岳衡山呈南北走向，几乎遍布大湘南，具有72座格局形态的山峰，其中，主峰为“祝融峰”，海拔1300.2米。南岳5A级自然保护区北起衡山县福田乡，南起衡阳县神皇乡，呈北东—南西走向，长36千米；西起东湖镇，东至南岳自然保护区镇，宽15千米，浏阳—衡东地带早期华夏系隆起带南部的岭坡—鸡笼街断裂带的东部，这以“祝融峰”的腹背斜形态为代南岳—祁东晚期华夏系复向斜带北段的八井田—白鹭坳断裂带的西部，双峰—南岳自然保护区弧形构造带的北部，宋桥—岭坡断层的南部。其地貌特征是：

1. 山高坡陡

比如报信岭一带的山谷都在700~900米的深度，这些峰林景观既可以观赏，同时具备体育旅游的开发潜质。

2. 阶梯形地貌

南岳衡山在断裂作用和间歇性升降运动的推动下，出现了以各主峰山脊线为主体的四级阶梯地形。第一级阶梯：以北东—南西走向为脊线，海拔在1000米以上，延伸10千米，以“紫盖”“祝融”“天柱”“祥光”“观音”“石廪”等山峰为主。第二级阶梯：山脊线东西两侧，从北向南排列着四五列海拔在700~800米的东西向平行山脊，如掷钵峰、天堂峰、天台峰等。第三级阶梯：在第二级阶梯的外侧，沿着平行山脊向东、西延伸形成一些400~500米高的山脊峰，如紫云蜂、香炉蜂、狮子峰等。第四级阶梯：海拔均在150~200

米，主要是在南岳山体的四周，由于风化的作用，大量的花岗岩、变质岩或紫色砂页岩在长年的地质构造中形成了系列红色山丘、岗地。

3. 断层地貌发育

在长期的地质运动中，南岳山体运形成了大断层，使得南岳自然保护区整个山体上升成垒形，断层地貌发育的非常丰富，呈现出平行山脊峰、三棱面山、V 形峡谷、扇状谷口、悬崖等地貌。山体东西双侧的平行山脊紧密排列，山脊南北两侧坡陡而险峻，山脊外端都呈三角面，高出外侧低地 100～300 米。尽管在湘南，南岳的群峰，不能与北方的群山巍峨相比，但是由于特殊的地理结构，使南岳衡山呈现出来的地貌表现以悬崖峭壁居多，以南岳镇向南北做走向的景点为例，在不足 5 千米的范围内，特色景点就有“水濂洞”“白龙潭”“络丝潭”等 10 多处，这其中，阶梯与阶梯的交汇处形成万千镜像，水流多处形成瀑布，最具代表性的是“悬谷仙岩”，此悬谷高约为 200 米。

4. 地表破碎，岩洞石蛋遍布

由于特殊湿润温暖的气候原因，南岳衡山森林覆盖率高，降雨量充足，在高地势的落差中，各种形式的流水冲刷地表，使得地表沟谷遍布。在花岗岩山体的中上部，各式各样的岩洞、岩石块随处可见。在中下部的 V 型河谷中，裸露中小型石蛋许多，随处可见。如“飞来船”“福寿石”“试剑石”等巨型石蛋。

南岳是一座耸立在华南地区的孤峰群，多年形成的断层地貌，逐步演变成现在的怪峰奇谷，具有山高、坡陡、谷深的特点。阶梯形地貌形成阶梯形温差。这些独特有自然资源为开发体育旅游提供了基础条件。南岳以其特有的旅游资源吸引着来自五湖四海的游客，历史悠久的祭祀宗教文化和特有的良好自然资源在众多名胜古迹中独树一帜，宗教朝拜和登山游览南岳游客成为感受南岳魅力的主要方式。

二、南岳衡山体育旅游资源分类

南岳衡山旅游资源非常丰富且富有特色，但体育旅游资源开发发展还处在初级阶段，在已开发的体育旅游产品中以体育赛事、表演活动为多。进入 21 世纪后，南岳区政府结合南岳特点开发了众多集观赏与健身于一体的旅游活动项目，也开展了一些吸引游客参与的体育旅游项目，如“南岳衡山凤凰山桩垂钓”“迎新年长跑赛”“大众登山赛”“领导干部登山比赛”以及在衡山周边地区开展的户外徒步探险等。

根据南岳衡山的旅游资源情况，我们可以看出，基本上是以观光游、宗教文化游为主题，但是，由于南岳衡山在南方特有的地形特点，又决定了南岳衡山具有体育旅游的各种条件。本文结合对景区的实际考察情况，通过从政策层面和导游的实际现场考察来看，本着有利于旅游资源、旅游点的开发、建设、保护等原则，可以将衡山体育旅游资源分为如下四类：

第一是休闲健身类，资源包括诸如可开供体育旅游的垂钓、攀岩、骑射等(这些资源包括“水帘洞”“麻姑仙境”等)。

第二是刺激探险类，可开发出的产品有“高空走钢丝表演”“森林探险”“冰冻活人”等。

第三是民俗传统类，可开发出的产品有“重阳健身节”“传统武术套路表演”“陀螺表演”等。

第四是文化节庆类，可开发出的产品有“元宵节舞龙”“舞狮”等。

南岳衡山体育旅游资源丰富，由于缺乏科学的统筹规划，缺乏体育旅游专业人才，缺乏必要的保障机制，目前还处于属于“零星”的开发阶段，没有形成规模。如“高空攀云梯”“倒立登寿坛”等项目的开发只是昙花一现，没有延续性。体育旅游项目开发任重道远，存在许多亟待解决的课题。

三、南岳衡山体育旅游产业发展的优、劣势分析

在湖南的优质旅游资源中，南岳的名山旅游一直是一条精品线路。拥有忠实的旅游者，随着国民大众旅游消费时代的到来，在新形势下，深度开发南岳衡山体育旅游业对南岳的旅游类型的补偿作用，对全国同类地形的体育旅游的开发具有重要意义。

(一)南岳衡山体育旅游发展的优势

①南岳衡山拥有开发体育旅游资源的良好自然环境。受燕山运动的影响，南岳衡山的地壳隆起，成为穹隆山地地形，即南岳地穹。由于地质构造主要是花岗岩体的断裂突出山体构造，成为湖南省长衡丘陵盆地中的一座孤峰群。

②南岳衡山拥有良好的交通优势。南岳衡山通公路前，进山有六条古道，即前山三条，后山三条。前山古道是“止观桥”经“太阳山”和“西岭”到“祝融峰”，“茶亭子”经“水帘洞”和“弥陀寺”至“祝融峰”，“百步云梯”经“华严庵”和“玉板桥”至“祝融峰”。后山古道是“石坳”经“九龙沟”和“会仙桥”至“祝融峰”，“岭坡坳”经“水口”和“广济寺”至“祝融峰”，“东湖”经“杏溪桥”和“岳林”到“祝融峰”。景区开发后修建了45千米的石板路与林道建设相结合，形成了道路网。现在南岳衡山内林道联通各景点。1993年，由中外合资修建成的旅游索道，下起半山亭，上至南天门，全长1710米，落差472米，最大垂直高度147米，这些都是优良的潜在体育旅游资源。

从全国看，南岳衡山靠近福建、广东等沿海城市，位于武汉、广州、桂林等经济大城市的交叉辐射地带，可谓是沿海的内地，内地的前沿。最近几年衡阳的陆、空交通迅猛发展，不仅是全省最大的铁路枢纽城市而且是全国重要的公路主枢纽城市之一。京珠、衡昆、衡枣、衡大等高速公路均从此经过。南岳小镇拥有1个汽车站，2个火车站，1个飞

机场，交通非常便利，南岳衡山位于这样一座城市的中心，无疑为南岳衡山旅游的可进入性和门槛创造了条件(图9-1)。

图9-1 南岳衡山全貌

③南岳衡山拥有丰厚的体育旅游“文化”资源。南岳衡山体育旅游资源丰富且独具特色，同时还依附着名城、名山优势。南岳衡山的人文资源因为特定山体特点，体育旅游的出现成为连贯的要素。这些资源是极为宝贵的资源。

第一类资源是关于祭祀方面的文化。南岳衡山在的祭祀文化呈现出来先民对神秘的自然，巍峨的山岳，崇敬祖先的崇拜，这种文化是南岳出现最早的文化资源之一，具有绵长的历史承传的传统性质。第二类资源是宗教方面的文化资源，这就是佛教与道教两教共存共荣的宗教文化。从我国南方的宗教文化资源来看，南岳是一座宗教名山，历史非常悠久，影响广播，大约在约1700年前的两晋南北朝时期，佛教和道教先后进驻南岳，并开花结果，在国内名山文化中，像这样佛、道两教和睦共存一座山，共荣一座庙(南岳庙)的情况在国内外极为罕见。第三类资源是象征古代科举考试，选拔用人育人的书院文化。从唐代一直到清代，南岳的书院文化一直绵亘不绝，先后存在17所书院，这里以宋朝和明朝的书院发展最为壮大，可以说是南岳的书院文化是爱国主义和经世致用的“湖湘学派”的滥觞。第四类资源是与寿文化相关的历史传承。进入南岳景区，进入游人的眼中的是各种用各种书法所体现的“寿”文化，最为代表性的文化景观就是宋徽宗题写的“寿岳”刻石。

从南岳衡山景点来看，总体呈现出“树状”分布形态，沿南岳镇经门票所半山亭到祝融峰这是一条主线，南岳后山以及其他线路的景点以分枝散叶的方式分布，径直而上有忠烈祠、半山亭、玄都观、邺侯书院、南天门、狮子岩、高台寺、祝融殿、望月台。以半山亭一站为界，向右有黄帝岩、广济寺、上封寺、观日台等，向左有麻姑仙境、磨镜台、福严寺、金刚舍利塔、方广寺等，各景点间道路成网络状分布，点点相连，路路相通，其间还有仅限步行线路，如狮子岩—上封寺—观日台。游客游览这些景点只能徒步行走，既欣赏了美景，又锻炼了体能，旅游、锻炼两不误，一举两得，成为当下人们最流行的休闲娱乐方式。

（二）南岳衡山体育旅游发展的劣势

①南岳衡山体育旅游市场规模较小。南岳当地传统体育项目虽然众多，但是大多是非竞技性项目，主要分布在民俗节庆类等，这些项目以自娱自乐的形式存在。另外利用自然环境、地理优势开设一些小型的比赛，如 2013 环湘自行车赛等。没有举办大型赛事的场馆等条件。

②南岳衡山体育旅游发展缺乏统筹规划。“文化旅游开发建设方面各自为政，没有形成合力，资源整合的增效价值受限，文化品牌建设有待形成。”衡阳市文化产业发展规划中如此总结当下衡阳的旅游业。1998 年以来，衡阳极力打造“旅游旺市”，树立心愿之旅的大南岳旅游品牌没能对南岳衡山优越的自然环境和独有的文化资源作统筹规划。

③目前南岳衡山旅游区没有具规模且较有影响力的赛事，宣传力度也不够。旅游业的竞争其实就是人才的竞争。体育旅游是我国第三产业旅游业里开发的新兴项目，体育和旅游相结合的高素质人才处于严重空缺和不足状态，当地虽然有几所设有旅游专业的高等院校，但体育旅游不够成熟，使南岳衡山的体育旅游发展水平处在一个传统低层次的状态。

四、南岳衡山体育旅游项目开发分析

如上所述，南岳衡山拥有发展体育旅游产业得天独厚的条件，挖掘适合南岳衡山体育旅游发展，并具有一定特色的体育旅游项目至关重要。根据南岳衡山特有的资源，从开发出适应人们需要，高趣味性、高吸引力的体育旅游项目出发，笔者认为，南岳衡山体育旅游项目开发得着重发展特色传统类体育旅游项目，优先发展刺激探险类体育旅游项目，适时发展赛事竞技类体育旅游项目。

（一）特色传统类体育旅游项目着重发展

南岳衡山自古是达官贵族、帝皇巡狩和祭祀活动的中心，利用南岳衡山民俗传统资源，充满神秘色彩的特色宗教圣地资源，特有的文化资源，独具姿色的古建筑资源等个性鲜明、观赏性大的特色体育旅游资源，着力打造南岳衡山特色体育旅游项目。在新异、奇特上做足文章，大力开发体育旅游项目，充分挖掘出南岳衡山体育旅游资源的潜在能力。除了前文提及的徒步线路，南岳衡山景区内有 12 余处寺庙，这些孕育着丰富历史文化的独具特色的古建筑和它的历史文化吸引着中外无数游客，但这些寺庙坐落在不同的峰头，因此可以在人们徒步这些景点的过程中设一些休闲健身类的体育项目，以观赏性和参与性为主，缓解登山带来的困乏感，增加人们旅游的乐趣。南岳衡山的寿文化，是闻名暇迩的国际寿文化代表，结合地方寿文化特色，更显民族寿文化的辉煌。利用这些旅游资源优势，将传统体育资源与现代体育资源结合起来策划体育旅游项目，让游客参加休闲体验式体育活动，从视、听、触等方面给游客全新感觉，在南岳衡山这个神奇地域充分感受趣味体育运动的活力、魅力。如利用寿坛这一特殊旅游资源可以开展不同趣味性的体育项目，倒立、两人三足、负重、踩高跷等适中难度趣味性的登寿坛活动；还可大力开展南岳衡山保健体育旅游、野营体育旅游、民俗武术、舞龙、舞狮、龙舟等体育旅游项目。尽最大能力挖掘南岳衡山丰富的体育旅游资源，开展独具风格和吸引力的特色民俗传统类体育运动项目，吸引游客积极参与，促进南岳衡山体育旅游事业的发展。

（二）刺激探险类体育旅游项目优先发展

南岳衡山山高、坡陡、谷深、林幽。在长期的地质运动中，南岳衡山山体运动形成了大断层，断层地貌发育得非常丰富，呈现出平行山脊峰、三棱面山、V 形峡谷、扇状谷口、悬崖等地貌。尽管在湘南，南岳的群峰，不能与北方的群山巍峨相比，但是由于特殊的地理结构，使南岳衡山呈现出来的地貌表现以悬崖峭壁居多，这其中，阶梯与阶梯的交汇处形成万千镜像，水流多处形成瀑布，最具代表的是后山仙岩悬谷，该悬谷直立约 200 米。南岳衡山森林覆盖率高，降雨量充足，在高地势的落差中，各种形式的流水冲刷地表，使得地表沟谷遍布。在花岗岩山体的中上部，各式各样的岩洞、岩石块随处可见。山间无数急流险滩、峡谷、悬崖峭壁等奇特地势地形，景观秀丽，足以开展峡壁攀岩、爬坡、野地探险等刺激冒险性体育旅游项目，满足当前人们对刺激和挑战的需求。以各主峰山脊线为主体的四级阶梯地形可以开展形式多样的高空表演体育旅游项目，如在第一阶梯的祝融峰与芙蓉峰、祝融峰与天柱峰之间可开设高空走钢丝、速降、滑降等惊险性体育旅游项目。又因南岳衡山是花岗岩体，山体结实，海拔适度，坡度适中，可利用特有的山势地形开展非富多彩的体育旅游项目，如水濂洞的峭壁、君山沟的峭壁、白龙潭的悬崖、络丝潭的峭壁、仙岩悬谷等特有地形开展峡壁攀岩、爬坡等体育旅游项目；利用南岳衡山谷深林幽，姿色秀丽的自然风光开展一系列探险、野外生存等项目，结合养生，独具风格，如报信岭一带的山谷都在 700～900 米的深度，在这种深谷里开展体育探险旅游更具特色；麻姑仙境、穿岩诗林等独具秀丽风景的林地区开展野外生存、定向越野等体育旅游项目将会大大提高风景区的吸引力。

当代人们对生活的要求更新太快，平淡无味的生活方式让人更加疲惫，更多的人特别是消费心理独具特征的年轻人喜欢参与新的事物、新的经历来刺激身体，迎合了探险性体育活动项目的刺激性身体体验与心理体验，因此开发刺激探险性体育旅游项目对于吸引客源，打开市场起着重要的引导作用。南岳衡山得利用其特有的地理资源优先发展刺激探险类体育旅游项目，带动当地的经济发展。

（三）赛事竞技类体育旅游项目适时发展

体育赛事的成功举办能带动当地经济发展，促进当地社会经济效益，但并不是所有地方都能举办体育赛事，特别是大型体育赛事。南岳衡山体育赛事旅游市场规模较小。南岳当地传统体育项目虽然众多，但是大多是非竞技性项目，这些项目以自娱自乐的形式存在。南岳衡山没有举办大型赛事的场馆等条件，只能利用自然环境、地理优势开设一些小型的比赛。利用南岳衡山特别山势地形，从2000年开始，地方政府利用旅游资源优势巧妙结合传统体育与现代体育举办了多次世界性挑战赛，如“高空王子阿迪力走钢丝”“高空攀云梯”“倒立登寿坛”“2001年中国南岳衡山首届山地车攀登赛”等；还有一些公司利用南岳衡山山势地形开展励志比赛，如2010年11月6日喜深圳德盛自行车有限公司举办的中国南岳衡山国际登顶赛，又一次擂响登顶衡山挑战自我的战鼓。2014年9月29日第六届“心愿之旅”环湘自行车赛在南岳衡山圆满收官。自南岳衡山第一届寿文化节举办以来，开展的系列独具特色的体育旅游项目带来游客大增的势头，经济效益提高，这将成为南岳衡山体育史中的奇迹。利用南岳衡山在华南地区特有的山岳优势，适时发展赛事竞技类体育旅游项目促进南岳衡山的社会经济效益。

五、南岳衡山体育旅游资源开发战略

（一）南岳衡山体育旅游的特色定位

1. 突出生态特色

在体育旅游开发过程中，基本要求就是：不破坏生态环境的原始面貌，发挥其回归自然、健身娱乐等功效。通过与自然环境的亲肤接触，磨炼人的身心；通过感受大自然的力量，激发热爱生活的信心，培养顽强的适应力和生命力。因此生态体育旅游不仅对旅游者起到熏陶心灵、强健身体的作用，而且还让旅游者增强环保意识，自觉接受环境教育。

南岳衡山最高点海拔1300多米，四季分明，气候温和，阳光充足，山青水秀，特殊的文化底蕴造就了一座特别的城市建筑，具有较高的欣赏价值，是非常适宜观光旅游、度假休养的国家5A级旅游景区。依托南岳衡山的自然风光和人文历史资源，借助南岳衡山国际寿文化节、南岳庙会、南岳衡山幸运香火法会等品牌节会活动，打造集宗教文化、福寿文化、生态文化于一体的国际福寿文化旅游知名品牌。例如，打造南岳“火神祝融”生态休闲体育旅游主题公园，添加攀岩、速降表演等体验元素，突出赏心悦目、健身、教育的主题，为游客增加新的乐趣和体验。发挥南岳衡山福寿文化和传统观光旅游的优势，将具有南岳衡山特色的休闲体育融入到体育旅游产品当中去，打造南岳衡山休闲体育旅游精品线路。发展南岳衡山生态体育旅游，有利于提升南岳衡山旅游资源的经济效益和社会效益，有利于南岳衡山和谐社会的可持续发展。

2. 突出传统民俗文化特色

南岳衡山传统民俗文化活动蕴育着丰富的传统民俗体育，形式多样，具有当地鲜明的民俗特色，它不仅是我国体育事业的重要组成部分，也算是民族优秀文化的瑰宝之一。南岳衡山每年的节庆和庙会多不胜数，利用南岳衡山民俗节日，如国际寿文化节、幸运香火法会、“五岳年会”、庙会、二月初八朝寿佛、春茶祭典、忠烈祠公祭民族忠烈大典、雾松节等，吸引广大游客到南岳衡山进行民俗体育风情的观赏旅游以及参与体验民俗传统体育项目。我们可以在旅游区开展富有地方民俗特征的形式各异的体育活动；可以结合当时当景向人们展现与当次民俗活动背景相符的民俗体育文化；可以邀请游客参与民俗体育活动之中，使游客不仅感受南岳衡山山水美，还要领会到富涵特色的民俗风情，感悟民俗文化。

坚持传统民俗文化的地方特色才能对旅游者有吸引力，同时频频光顾的游客所带来的异地文化也不断影响着当地民俗文化。在开发过程中为突出民俗文化特色，寻求繁荣民俗体育之路，要着重研究旅游文化、旅游资源，要将民俗体育文化的发展与旅游资源的开发联系起来。

3. 突出探险特色

衡山山脉连绵起伏数百千米，72 群峰层峦叠嶂，气势磅礴。位于湖南省中部偏东南方向，南起衡阳回雁峰，北至长沙岳麓山，纵贯湖南的西境。南岳衡山自然保护区的全貌如下：

南岳衡山群峰突起，峰峦叠嶂，如前文所述，由于中酸性花岗岩大规模活动影响，南岳的群山在海拔低于 100 米的空间里，更显得山高、坡陡、谷深、林幽。谷深林大山间有许多急流险滩、峡谷为体育旅游攀爬、速降、高空走钢丝等提供了很好的地理条件，优越的自然条件无疑可以开发冒险刺激的探险运动、攀岩运动等，这些都为体育旅游的开发发展提供良好的先天条件。南岳的水蚀地貌、崩积地貌及石蛋地貌富有特色，具有峰秀石奇、壁险峡幽、水碧山清等突出特点。南岳山行具有开发峡壁攀岩、野外探险、定向越野等体育探险活动，满足探险者对刺激和挑战的需求。这一壮举给人们对南岳衡山的风景的再认识以及对高空走钢丝的空前关注让我们看到了传统旅游与体育旅游相结合的前景，用惊险刺激吸引体育探险旅游群体前来体验，带动当地的经济发展。因此开发刺激探险性体育旅游项目对于吸引客源，打开市场起着重要的引导作用。

六、南岳衡山体育旅游资源开发的战略思考

体育旅游资源开发是一项系统工程，因此总体规划，统筹安排。南岳衡山体育旅游作为旅游业发展的一个新的经济增长点，政府有必要在政策上、观念上、管理上、资金上对其规划并进行统筹安排。突出旅游和体育合理相结合的体育旅游的模式，树立南岳衡山体育旅游形象，准确定位南岳衡山体育旅游的发展特色。在北京奥运会的推动下体育旅游业已在中国迅速发展起来。现如今人们的生活水平提高，闲暇时间多，在八项规定和旅游法的出台下，人们的旅游消费观念发生着莫大的变化，因此南岳衡山旅游业当中的体育旅游的份额必须逐步提高。通过对南岳衡山体育旅游资源的考察分析提出以下发展战略，为下一阶段南岳衡山体育旅游的发展提供一定的理论借鉴。

（一）定位战略，构建南岳衡山“禅意人生、幸福一生”的体育旅游休闲度假乐园

随着国民大众旅游消费时代的到来，旅游业也在悄然转型，老百姓常态化的旅游需求及其增长将是未来一段时间内我国旅游市场需求的主力①。

随着社会经济的高速发展，单纯的物质追求早已不能满足人们日益增长的多样化的需求。同时，现代社会快节奏的生活方式让人们承受空前大的心理压力，所以很多人面对迄今为止的身心疲惫。在有限的时空里，人们就会需求一种可以缓解这种压力的方式。正是在这种背景下，消费者的消费心理和消费方式发生了空前的变化，进入体验式休闲时代。体验消费受到推崇，休闲体育旅游应运而生并得到迅猛发展。工作之余，人们更多地渴望能回归自然，亲肤接触自然，到神奇的大自然中去从事愉悦身心的体育旅游活动，如垂钓、爬山、徒步观赏等，有效地缓解紧张情绪，陶冶情操，融洽人际关系，进而得到休闲的体验促进身体健康。许多年轻人有更高的欲望去体验富有挑战性的体育项目，如高空攀云梯、倒立登寿坛等，体现旺盛的生命力，从中感受刺激心灵的快乐。

消费者是上帝，怎样吸引游客自主消费，扩大消费渠道，就必须考虑消费者的情感和需求。南岳衡山体育旅游要结合福寿文化统筹发展，提高南岳衡山旅游、体育、休闲的相结合至融合至关重要。人们参与体育旅游不仅是为了体验体育旅游的乐趣，而更重要的是追求身心健康。因此，南岳衡山应根据自己的自然环境特点开创自己的品牌，形成自己的体育旅游产品，构建南岳衡山“禅意人生、幸福一生”的心灵养生体育旅游休闲度假乐园。

（二）品牌、市场战略，促进南岳衡山体育旅游发展

体育旅游产业是朝阳产业，也是一种“无烟工业”，更是关联面最广的上游产业，最具

① 2014 年我国旅游业发展趋势分析[EB/ OL]. 中国行业研究网，http：//www. chinairn. com/yjbg.

发展潜力和增长点。当今社会是一个靠品牌竞争的社会，南岳衡山旅游业的发展也是如此，必须跨越南岳只是香客旅游的盲点，迅速从单一的资源竞争转入品牌竞争战略。不断深化南岳衡山旅游内涵、特色，努力寻求南岳衡山旅游与体育的结合点，找到符合南岳衡山文化、形象的体育运动项目，使之成为南岳衡山新的旅游产品，推动南岳衡山经济的发展。

打造南岳衡山体育旅游的品牌，必须积极打造与南岳衡山自然生态环境和文化氛围相得益彰的体育旅游产品，保持地方的原始风貌，突出体育与自然、人文结合，只有这样才能打造好南岳衡山体育旅游品牌，比如，将"南岳国际高空走钢丝大赛""中国南岳衡山山地车攀登赛""高空攀云梯""倒立登寿坛"等中的一个或几个项目进行打造和包装，让富有地方特色的体育旅游品牌走出湖南，面向全国。以致实现南岳衡山体育旅游立足市场，走向国际，促进社会、经济效益。

（三）人才战略，为南岳衡山体育旅游发展提供智力支持

南岳衡山缺乏高素质的研发、管理、规划等体育旅游专业人才，无法形成一个高质量的体育旅游建设团队，没有与优质的体育旅游项目开发相匹配的工作系统，从而影响了南岳衡山体育旅游的品牌孕育。体育旅游项目的开发与从业人员的体育知识、体育服务意识、体育活动的组织和策划能力有直接的关系，这一切会直接影响体育旅游的生命力和竞争力。目前，南岳衡山体育旅游专业人才紧缺，如体育旅游资源开发人才、体育旅游市场营销人才、体育旅游导游人才等的缺乏严重制约了南岳衡山体育旅游的开发发展。解决人才紧缺问题可以从两方面同时进行，一是引进，二是培养。改革开放，大胆引进，聘请高水平高素质体育旅游人才参与管理和服务。由体育产业职能部门和旅游管理职能部门联合负责，系统研究体育旅游找出南岳衡山体育旅游开发的薄弱环节，有针对性的培训紧缺的体育旅游人才。比如湖南环境生物职业技术学院以及衡阳师范学院的旅游专业中增开体育旅游专业，培养衡山体育旅游的专业体育类型人才，立足地方经济，加强体育旅游专业人才的培养，不仅促进南岳衡山体育旅游乃至衡阳旅游业的发展，同时也可以提高就业率。

（四）生态战略，保持南岳衡山体育旅游的可持续发展

可持续发展观是指体育旅游的开发要从社会效益、经济效益与旅游资源的相协调方面出发，确保体育旅游发展能利用的资源能够"满足当代人的需要，不至于后代人的资源枯竭"。

没有开发的保护是没有效益的保护，没有保护的开发是不可持续的经济行为。我们必须以长远眼光来总体评估、利用资源。体育旅游资源从是否可再生方面分为可再生资源与不可再生资源，开发过程中充分利用可再生资源如树木、水源等；对于不可再生资源，如

天然石桥、溶洞、峡流、建筑古迹等要依照“保护第一”的原则进行保护性开发，有限地使用。否则，就可能对资源地的风光、纪念物和建筑物以及多样性的当地文化带来不可逆转的损失。依法管理好体育旅游市场必须建立健全体育旅游法制法规；市旅游局成立旅游开发与研究部门、市体育局成立科研所，专题研究与开发南岳衡山体育旅游产品和市场。大力倡导依法治旅，依法办旅，制定南岳衡山体育旅游文化产业政策，给南岳衡山体育旅游产业发展创造良好的政策环境。

体育旅游的发展顺应中国乃至世界旅游业的发展趋势，满足了当下大众旅游时代的需要，是人们调节生活节奏，缓解生活压力，提升生活质量的主要方式。衡阳是湖南的门户，良好的旅游环境，天然的区域优势使衡阳市南岳镇构建了立体交通网络：1 个汽车站，2 个火车站，1 个飞机场。近年来，随着衡阳经济的发展，衡山旅游接待能力与承载能力能得到了全面提升。自 2010 年起，年接待游客达 400 余万人次，创历史新高。南岳衡山，五岳独秀，洞天福地，佛道一体。传统民俗与体育旅游互相融合，体育与人文精神二者合一，体育旅游的魅力无限。南岳旅游已经成为当地的支柱产业，南岳迎来由观光型向养生休闲型文化旅游转型的新的历史机遇期。

需要指出的是，尽管南岳正处于旅游业转型发展的良好时机，但也存在一些不容忽视的、现实的问题，如果处理不好，将会制约着南岳衡山旅游业的发展。主要表现在：①体育设施相对滞后。南岳衡山作为国际化旅游胜地，大量游客对此充满了憧憬。虽然南岳衡山的旅游文化丰富，但城区基础设施建设还很薄弱，特别是体育设施严重滞后，缺少高档次的运动场馆与设施，如高尔夫球等配套运动场馆，这就在一定程度上制约了南岳衡山体育旅游的发展。②体育旅游项目市场整体不大、规模偏小。只能利用自然环境、地理优势开设一些小型的比赛和一些表演类、民俗节庆类、游戏类的体育项目。③体育旅游发展缺乏统筹规划。南岳衡山旅游着重发展宗教朝拜旅游和名山胜水的观光旅游，受近年来国内外旅游市场的发展趋势影响，才逐渐提高体育旅游产品的开发比重。对南岳衡山优越的自然环境和独有的文化资源中体育旅游资源的开发缺乏统筹规划，可持续发展后劲不足。④缺乏体育旅游专业人才及必要的保障机制。体育和旅游相结合的高素质人才严重不足，使南岳衡山的体育旅游发展水平仅处于传统低层次的阶段。南岳衡山体育旅游资源的开发利用才刚刚起步，没有形成有效的规模。保障机制的缺失，造成许多矛盾和问题无法及时协调和解决。

为使南岳衡山体育旅游健康、有序、可持续发展，做大做强旅游业，笔者提出以下措施：①提高思想，统一认识。从旅游者所需出发，充分认识南岳衡山开展体育旅游的优势、开发的价值和意义。②在实际操作中，要循序渐进，逐步开展。先调研后规划，先策划后实践。③政府要大力支持。政策上扶持，管理上规范、资金上帮助。建议当地旅游局、体育局等职能部门进行专题研究，提出旅游资源能用来满足当代人的需求，又不对子孙后代构成危害的发展思路，把旅游的综合效应充分发挥出来。④立足市场，提升“品牌”。着重研究特色传统体育项目，大力开发以休闲和健身为主的体验式休闲体育项目，提高消费者对休闲体育旅游的兴趣和参与度，提升南岳衡山体育旅游的价值和经济效益。做到刺激探险类项目优先发展，赛事竞技类项目适时发展。⑤加大体育旅游人才培养力度，为南岳开展体育旅游提供智力支持、智慧参考。为解决体育旅游专业人才匮乏问题，可以由体育产业职能部门和旅游管理职能部门联合负责，系统研究体育旅游找出南岳衡山体育旅游开发的薄弱环节，有针对性的培训紧缺的体育旅游人才。

第十章 生态旅游与乡村旅游的融合
——国外生态旅游发展研究

近年来，生态旅游产业在世界范围内都得到了迅速的发展，很多国家都根据自身的优势资源开展了形多样化的生态旅游活动，旅游带来的经济收入也成为了很多国家经济收入水平的重要组成部分。

一、发达国家生态旅游产业的发展分析

目前，美国、日本、德国、澳大利益等国家的生态旅游产业已经十分完善，关于生态旅游产业，他们有着明确的定位，即自然生态系统优良的森林公园；原始森林等自然生态系统。这些国家的生态旅游产业有着极大的吸引力。

（一）美国

在发达国家之中，美国的生态旅游产业发展较早，其中代表性的生态旅游地就是国家公园，早在 1872 年，美国就将黄石国家公园划定为世界上第一个国家公园，黄石国家公园实施的是一种管理权与经营权相分离的模式，管理层只负责行政事务，不会分管经营工作。公园经营活动由服务企业负责，但是这些企业必须要通过国家公园管理局的批准。在公园的经营过程中，国家需要对公园环境开展监测工作，为此，在 1991 年，美国国家公园制定了相关的管理办法，设置了人口管制站，设置了完善的法律，这就让国家公园生态旅游产业的发展提供了良好的法律保障。

在这一基础上，美国形成了纪念地、国家保护区等多样的生态旅游模式，在 1994 年制定了完善的生态旅游发展规划，从科学化、制度化与规范化的角度来保护生态旅游产业的发展，此后，美国生态旅游产业得到了迅速的发展。调查显示，在美国参与户外旅游的人数已经超过了 20 亿/年，这一人数是美国总人口数量的十倍，其中有相当一部分游客参与的是生态旅游。

在美国，其生态旅游产业都是由当地政府进行管理，他们需要跟踪生态旅游产业发展的生物多样性、可持续发展情况与生态许可性，除了联邦政府外，与生态旅游产业相关的部门也需要为生态旅游产业提供必备的支持。

（二）日本

日本是亚洲生态旅游发展最好的国家，早在 20 世纪 90 年代，日本政府就制定了《生

态旅游指导方针》，也设置了相关的环境基金，定期开展了关于促进生态旅游的研讨会，有效促进了当地旅游资源的发展。

与美国相比而言，日本生态资源并不丰富，因此，日本政府十分注重生态环境的保护工作，在这一方面，日本政府采取了如下的措施：

第一，严格立法与执法。日本生态旅游活动主要以自然公园为场所，包括国定公园、国立公园与都道府自然公园，为了保护好这些公园的生态环境，日本政府制定了《国家公园法》与《自然公园法》，这些法律中严格规定了公园中的限制利用区域。

第二，双向管理。在日本，环境部是生态旅游产业管理的负责部门，这些公园都是由环境部进行管理，旅游从业者是能够开展多样化经营活动的，但是在开展活动前需要与上级管理机构签订环保协议。

第三，居民共同管理。在生态资源的开发过程中，居民也是能够参与管理工作的，并可以在其中获益，居民能够对生态资源的开发与利用情况进行全程监督，居民可以在自家开设家庭旅馆，这对于增加居民的收入起到了十分积极的意义。

(三)德国

截至目前，德国的生态旅游产业已经发展了近 30 年的时间，德国有着非常丰富的生态资源，其生态资源的发展一直遵循生态、环保的原则。在德国，旅游者的环保意识非常高，而政府也为生态旅游产业的发展提供了良好的条件，不仅非常注重当地资源的保护工作，还十分注重文化资源的开发，各个乡村都会积极地将历史文化与生态资源结合起来，这在德国乡村旅游产业的发展工作中起着极大的影响。德国的生态旅游产业之所以能够取得巨大的成就，原因在于以下几个方面：

第一，注重教育。德国政府十分注重居民的公德教育与环境教育，将社会公德教育与遵纪守法教育作为普及性教育进行开展，因此，这就形成了良好的环保风尚。与城市相同，乡村也是实施垃圾分类处理政策，生活污水必须要经过相应的处理才能够排放。例如，无论是在家庭孩子学校中，德国人从小就给孩子灌输这方面的知识，让他们养成自觉保护环境、爱护环境的道德风尚，久而久之，德国居民的环保意识得到了显著的提升。

第二，严格管理。德国政府一直非常注重乡村生态资源的管理。例如，早在 1972 年就实施生态旅游品质认证制度，只有通过检验的乡村才能够发展生态旅游产业，而政府也会定期下发经费来宣传乡村生态旅游产业的发展。此外，德国每年都会为乡村生态旅游活动下发大量的经费，除了政府之外，还有大量的行业协会来保障乡村生态旅游的品质。

第三，历史文化的保护。德国政府一直都十分注重历史文化的宣传教育，在乡村中，只要是具有特色的古迹，如德国古堡等，政府都会进行精心的养护，在德国，随处可以看见各种类型的专业博物馆，这就让德国的历史文化得到了有效的传承。

(四)澳大利亚

澳大利亚的野生动植物丰富、生态环境良好，为了促进其生态旅游产业的发展，政府采取了如下的措施：

第一，政府从国家的高度制定了生态旅游产业发展战略，对可能影响生态旅游产业发展的问题进行识别，在市场营销、市场推广与产业发展上投入了大量的资金，这些资金在区域规划、认证识别、游客管理等方面都发挥了巨大的成效。

第二，澳大利亚政府始终将可持续发展理念应用在了生态旅游产业的发展中，注重生态环境与自然资源的保护工作，一旦有个人与组织违背了法律法规，就需要被问责。同时，澳大利亚国家公园的主要功能是保护自然环境，其中的一些设施都是由政府来投资建设，虽然经营权与所有权实施的是分离化管理模式，但是不会出现资源过度开发的问题。

第三，澳大利亚十分重视旅游环境的建设与保护工作，天人合一与人地和谐的生态理念在生态资源的开发过程中得到了淋漓尽致的发挥，实现了整体保护与局部开发的目的，各种自然资源有机组成了动态的生态视觉景观。

第四，澳大利亚政府在开发生态旅游资源的过程中非常注重居民利益的保护，他们支持各个地区的居民发展旅游业，这就形成了一种社区共管，居民与专业公司共同开发的多元性经营格局。

二、发展中国家生态旅游产业的发展分析

发展中国家生态旅游产业发展的典范是在非洲与南亚等国家，其中的代表国家就是泰国与肯尼亚：

(一)泰国

泰国生态旅游资源丰富，在20世纪90年代末期，泰国就开始开发生态旅游，制订了一系列的法律法规，国家环境委员会也制订了环境保护地区、环境质量标准、环境影响评估、环境质量管理规划等一系列的指标，在青年游客群体中着重开展宣传工作，并建立了相关的数据库。同时，泰国政府来开展了旅游试点，倡导社会效益与生态环境相结合的旅游模式，取得了良好的发展成效。此外，泰国政府对于生态旅游景点实施的是一种定量开发模式，采用了限制旅游人数、制订不同价格体系、增加使用税的控制模式，有效控制了旅游活动对生态环境的不良影响。

泰国生态旅游之所以取得巨大的成果，正是由于实现了生态环境与旅游活动的和谐发展，这也是泰国生态旅游的标志性特征，是值得我国进行广泛性借鉴的。

(二)肯尼亚

肯尼亚是非洲生态旅游产业发展最为成熟的国家，最丰富的生态旅游资源就是野生动

物资源，人文景观与自然景观也十分的丰富，建立了几个大型的野生动物基地。肯尼亚建立了世界上最大的野生动物保护区，享誉全球的“动物大迁移”中的“马拉河之渡”可以在肯尼亚的马赛马拉国家野生动物保护区看到，这吸引了很多热爱大自然的游客。肯尼亚的生态旅游产业之所以取得了巨大的成就，主要得益于其独特的经营模式与管理模式。

一直以来，政府都十分支持生态旅游产业的发展，成立了专门的“野生生物保育暨管理部”，为生态旅游产业的发展划拨了大量的资金，对整个野生动物管理工作进行了全面的布局与整体规划，并倡导社区居民参与到发展过程中，这些措施对于促进生态旅游产业的发展提供了重大的推动力。

肯尼亚旅游模式的成功之处主要在于实现了社会大众与旅游产业的和谐发展，且政府也为生态旅游产业的发展提供了大量的资金，属于奠定了和谐式生态旅游模式。

（三）世界各个国家发展生态旅游产业的借鉴与启示

1. 对于生态旅游产业，要有明确的界定

目前，关于生态旅游产业这一个概念，还未制订完善的标准，虽然很多生态旅游产品在名义上称之为生态旅游产品，但是却并未达到生态旅游产品的标准，从我国的情况来看，旅游市场发展的无序性也是影响生态旅游产业发展的一个重大问题。为此，可以借鉴日本的发展经验，由国家旅游局定义生态旅游活动，对其具体的规则与基本条件进行明确的界定，完善生态旅游市场的准入制度。

2. 提升旅游区居民的环保意识

很多生态旅游区域都位于经济水平落后、地理位置偏僻的地区，这些地区经济发展水平落后，居民环保意识薄弱，在开发为生态旅游区之后，居民不惜以破坏环境来获取短期的经济效益，这种不良意识也会对旅游者产生不良影响。为了解决这一问题，可以借鉴发达国家的成功经验，加强环保意识的宣传工作，让居民与旅游者明白保护生态环境的重要作用。

3. 旅游企业要注重生态旅游理念的宣传

生态旅游理念提倡生态资源的可持续发展与可循环利用，旅行社在推广生态旅游活动的过程中，要选择好旅游地，避开承载力低与过度开发的景区，旅游规模需要遵循由小及大的原则，在形式上，可以为漂流、探险登峰活动。在旅行团出行前要组织说明会，介绍相关的注意事项与旅游保护机制，避免对旅行地产生破坏。

4. 加强生态旅游资源的保护

在管理水平的限制与经济利益的推动下，很多地区在没有进行规划与论证的前提条件下就盲目开发，导致很多不可再生的旅游资源遭受到不可逆破坏。这些自然生态环境都是相互平衡的，在开发的过程中，需要遵循生物、环境与人类协调发展原则，不仅要满足人们的观赏需求，还要保护好生物多样性与当地的生态环境，这样才能够真正促进生态旅游产业的可持续发展。

5. 实现生态旅游理论研究工作的本土化

生态旅游产业的发展核心就是实现环境与旅游资源之间的和谐共生，这正是我国“天人合一”思想的重要体现，要想实现生态旅游产业的发展，就需要将我国传统的文化思想融入生态旅游理论的研究工作中，并不断地丰富这一理论。

参考文献

鲍捷，陈丽丹，陈尚文．中国生态文明建设获得实质进展[J]．人民日报，2015(04)：22.

北京智博睿投资咨询有限公司．2015—2020年中国环保设备行业市场形势分析及投资策略预测报告[R]．智研咨询集团，2015.

蔡克信．衡山旅游资源的特色分析及其评价[J]．中国旅游报，2011-1-3(006).

蔡梅良，钟志平．南岳旅游地吸引力综合评价与对策研究[J]．经济地理，2010，30(3)：514－518.

重视生态环境 共建绿色城市[J]．中国绿色画报，2011(7)：1－2.

陈芳，黄继，黄洲康．旅游开发对南岳衡山蛙类和蛇类数量的影响[J]．贵州农业科学，2010，38(10)：225－227.

陈起阳．森林旅游开发与森林资源保护关系的探讨[J]．中国城市林业．2012，10(4)：20－23.

陈晔，杨云仙，徐爱源．天花井国家森林公园生态旅游可持续发展研究[J]．九江学院学报，2007，(3)：93－95.

长沙市"十二五"旅游业发展规划[EB/OL]．长沙旅游政务网，http：//www. csta. gov. cn/service/gov_11725. html.

董成森，熊鹰，邹冬生．森林型生态旅游地生命周期分析与预测[J]．生态学杂志，2008，27(9)：1476－1481.

董成森，熊鹰，覃鑫浩．张家界国家森林公园旅游资源空间承载力[J]．系统工程，2008，26(10)：90－94.

丁海燕．连云港饮用水水质与市区人群健康的关系及改善措施[J]．当代生态农业，2012(Z1)：107－112.

丁培卫．近30年中国乡村旅游产业发展现状与路径选择[J]．东岳论丛，2011(7)：114－118.

但新球，周光辉．对森林旅游及其特点的认识[J]．中南林业调查规划，1994，48(2)：57－60.

樊信友．重庆乡村旅游产品开发的SWOT分析及对策研究[J]．安徽农业科学，2010，38(18)：9684－9686.

G·鲁滨逊·格雷戈．森林资源经济学[J]．许伍权，等译．北京：中国林业出版社，1985：440－479.

国家统计局．中国统计摘要[M]．中国统计出版社，2015，90－103.

龚绍方．县域旅游产业集群化发展规划初探[J]．地域研究与开发．2008. 27(6).

甘绍平．我们需要何种生态伦理[J]．哲学研究，2002，(8)：49－56.

胡铂．我国中小城市政府环保职能研究[J]．首都经济贸易大学，2013.

黄丽．大城市边缘区发展乡村旅游的SWOT分析[J]．科技和产业，2007(7)：32－34.

黄炜炜．扬州乡村旅游发展研究[D]．扬州大学，2007.
金霞．旅游产业转型机制与趋势——一个基于中国休假制度改革的案例[J]．经济问题探索．2009(11).
蒋敏元．森林资源经济学[M]．哈尔滨：东北林业大学出版社，1990.
蒋敏元，沈雪林．森林旅游经济学[M]．哈尔滨：东北林业大学出版社，1990.
蒋志刚．野生动物的价值与生态服务功能[J]．生态学报，2001，21(11)：1909－1917.
江立华，陈文超．传统文化与现代乡村旅游发展[J]．湖北大学学报(哲学社会科学版)，2010(1)：92－96.
刘佳，韩欢乐．我国旅游产业结构研究进展与述评[J]．青岛科技大学学报(社会科学版)．2013(03).
李凡．森林旅游资源开发与保护要"同步"进行[J]．中国林业产业，2007，(10)：40－43.
李美云．论旅游景点业和动漫业的产业融合与互动发展[J]．旅游学刊．2008(01).
李祖实，莫吉炜，谷颖东等．南岳衡山国家级自然保护区两栖爬行动物资源调查与分析[J]．湖南林业科技，2010，37(1)：20－23.
李慧卿，江泽平，雷静品，等．近自然森林经营探讨[J]．世界林业研究，2007，20(4)：6－11.
李威，何珊珊．发展森林生态旅游的几点思考[J]．林业勘查设计，2007，(1)：24－25.
林群，张守攻，江泽平．国外森林生态系统管理模式的经验与启示[J]．世界林业研究，2008，21(5)：1－6.
梁雪松．区域旅游合作开发战略研究——以丝绸之路区域为例[M]．北京：科学出版社．
罗锦洪．饮用水源地水华人体健康风险评价[J]．华东师范大学，2012，26－36.
绿化，姚宗君．职业日志[J]．价值中国网，http：//www.chinavalue.net/Biz/Blog/2011-3-16/723017.aspx.
黎忠文．工业噪声有效评价指标与标准的探讨[J]．地质勘探安全，1996(2)：21－22.
罗活兴．森林旅游开发管理策略——以广东西樵山国家森林公园为例[J]．中国城市林业，2007，5(3)：51－53.
柳伯力，陶宇平．体育旅游导论[M]．北京：人民体育出版社，2003.
马建章．森林旅游学[M]．哈尔滨：东北林业大学出版社，1998.
马耀峰，宋保平，赵振斌．旅游资源开发[M]．北京：科学出版社，2005.
马翀炜．文化符号的构建与解读——关于哈尼族民俗旅游开发的人类学考察[J]．民族研究，2006.
彭珍宝．南岳衡山种子植物区系组成及代表类群特征分析——南岳衡山植物区系(一)[J]．湖南林业科技，2012，39(1)：30－37.
彭蝶飞．南岳衡山旅游商品的发展探讨[J]．南华大学学报(社会科学版)，2006，7(4)：111－114.
屈中正．挖掘文化资源促进森林旅游[J]．林业与生态，2001，(2)：38－39.
屈中正．森林旅游文化的内涵及其特点[J]．林业与生态，2010，(12)：12－13.
曲利娟，傅桦．我国森林旅游效益评价研究[J]．首都师范大学学报(自然科学版)，2008，(4)：89－93.
钱益春，彭嵋逸，邹宏霞．湖南休闲农业旅游开发策略初探[J]．安徽农业科学，2007(9)：2711－2712.
苏章全，明庆忠，廖春花．休闲度假旅游目的地复杂系统及其反馈模型分析[J]．北京第二外国语学院学报．2011(01).
宋秀虎．恩施州森林旅游资源的开发研究[J]．安徽农业科学，2007，35(29)：9333－9334.
桑景拴．我国森林旅游资源开发利用刍议[J]．林业建设，2007，(1)：28－31.

田纪鹏．国际大都市旅游产业结构优化经验及其对上海的借鉴[J]．现代管理科学．2013(06)．
谭肸．噪声不仅仅损伤听力[J]．劳动保护，2005(7)：85－86
汤雪峰．光污染对生物体影响的实验探索[J]．南京航空航天大学，2006，19－29．
薛惠锋，张晓陶．探索森林生态旅游的可持续发展[J]．环境经济，2009，(9)：51－53．
肖和忠，张玉杰．关于森林旅游资源及其发展取向问题的探讨[J]．北京农业职业学院学报，2007，21(1)：21－25．
肖佑兴，明庆忠，李松志．论乡村旅游的概念和类型[J]．旅游科学，2001(3)．8－10．
谢雄辉．生态旅游内涵探析[J]．桂林航天工业高等专科学校学报，2007，(4)：113－116．
吴章文，吴楚才，文首文．森林旅游学[M]．北京：中国旅游出版社，2008．
吴宜进．旅游地理学[M]．北京：科学出版社，2005．
乌恩，蔡运龙，金波．试论乡村旅游的目标、特色及产品[J]．北京林业大学学报，2002，24，(3)：78－82．
王林琳，翟印礼．我国森林生态旅游存在问题与发展对策[J]．西南林学院学报，2008，28(4)：146－148．
王凯，韩远煜．城市绿色生态规划的发展现状和趋势[J]．北京农业，2011(09)：141－142．
王又保，李选艳，廖端芳．南岳寿文化：厚重历史积淀与轻浅现实传承反差中的思考[J]．船山学刊，2005(4)：29－31．
王兆峰，杨卫书．基于演化理论的旅游产业结构升级优化研究[J]．社会科学家．2008(10)．
王岩，徐蕊．森林旅游价值构成要素研究[J]．林业科技，2009，34(1)：68－70．
于帅．农业污染不容忽视 环保农业势在必行[J]．农业机械，2010，(18)：26－28．
[英]克里・戈弗雷(KerryGodfrey)，[英]杰基・克拉克(JakieClarke)．刘家明，刘爱利译．旅游目的地开发手册[M]．北京：电子工业出版社，2005．
杨春宇，黄震方，毛卫东．旅游地复杂系统演化理论之基本问题探讨[J]．中国人口．资源与环境．2009(05)．
姚国明．生态林业与森林游憩可持续发展的协调研究[J]．河南林业科技，2007，27(6)：42－45．
杨财根，郭剑英．森林旅游景区战略管理研究——基于企业文化管理的视角[J]．桂林旅游高等专科学校学报，2007，28(5)：751－754．
易爱军，刘俊昌．我国森林旅游产业的现状及发展对策[J]．中国林业经济，2010，102(3)：5－7．
严春燕．对我国乡村旅游发展状况的探析[J]．北京工商大学学报（社会科学版)，2010，25(4)：125－128．
尤飞，王传胜．生态经济学基础理论、研究方法和学科发展趋势探讨[J]．中国软科学，2003，(3)：131－138．
邹统钎．中国乡村旅游发展模式研究——成都农家乐与北京民俗村的比较与对策分刊[J]．旅游学刊，2005(3)：63－68．
邹统钎．基于生态链的休闲农业发展模式——北京蟹岛度假村的旅游循环[J]．北京第二外国语学院学报，2005，125，(1)：64－69．

邹统钎．乡村旅游推动新农村建设的模式与政策取向[J]．福建农林大学学报，2008(03)．
张增．枣庄市山亭区乡村旅游发展模式研究[D]．山东师范大学，2011．
张遵东．关于我国旅游农业发展的思考[J]．农村经济，2001，6：31－33．
张志宇．城镇噪声污染与防治对策[J]．商品与质量，2011(SA)：220－220．
钟铁钢．系列毒害气体传感器的研制及其特性研究[J]．吉林大学，2010，30－36．
中国社会科学院．2013 城市蓝皮书[J]．城市规划通讯，2013(15)：12．
A Lerchl(2013). Electromagnetic pollution: another risk factor for infertility, or a red herring[J]? Asian Journal of Andrology. 2013, 15(2): 201－203.
EMF Pollution[J/OL]. EM Electromagnetic Radiation health and safety, http://emwatch.com/.
Electromag neticradiation and health[J/OL]. https://en.wikipedia.org/wiki/Electromagnetic_ radiation_ and _ health.
Glen Hvenegaard. Ecotourism versus tourism in Thai national Park[J]. Annals of Tourism Research, 1998, 25(3): 700－720.
Goan Bostedt, Leif Mattsso. The value of forests for tourism in Sweden[J]. Annals of Tourism Research, 19922, 2(3): 671－680.
Harold Goodwin. In Pursuit of Ecotourism[J]. Biedivers Consery, 1996, 5(3).
H, Spoendlin, Histopathology of noise deafness[J]. Journal of Otolaryngology, 1985, 14(5): 282－6
JANE MCGRATH. What is the urban heat island effect[J]. http://science.howstuffworks.com/environmental/green-science/urban-heat-island.htm.
J Riga, JJ Verbist, F Wudl. The electronic structure and conductivity of tetrathiotetracene[J]. tetrathionaphthalene, and tetraselenotetracene studied by ESCA, Journal of Chemical Physics, 1978, 69(69): 3221－3231
Lisa Hornsten, Peter Fredman. On the distance to recreational forests in Sweden[J]. Landscape and Urban Planning, 2000, 51(1): 1－10.
lindhagen, L. Homsten. Forest reaction in 1977 and 1997 in Sweden: changes In Public Preference and behavior[J]. Forestry, 2000. 73(2).
MD Burchett. Greening the great indoors for human health and wellbeing[D]. University of Technology, Sydney (2010), 20－25.
Par Yichen Guo. How to calssify light pollution[J]. guoy11@culcuni.coventry.ac.uk, Posté le: 2014(17): 46－47.
Wall G, Wright C. P. The Environmental Impact of outdoor Recreation[J]. UniversityOf Waterloo, 1997.
William E. Hanmmitt, Michacl E. Patterson, Francis P. Noe. Identifying and Predicting visual Preference of southern Appalachian forest recreation vistas[J]. Landscape and Urban Planning, 1994, 29(2－3): 171－183.

后　记

在党的十九大"乡村振兴战略"新形势下，随着人们生活水平的提高，居民消费不断升级，旅游消费成为人们对美好生活追求的重要体现。乡村旅游作为一种集生产、生活、生态于一体的综合性产业，在发挥乡村资源禀赋优势，满足人们对幸福美好生活的追求上，契合了绿色可持续发展的需要，是推进乡村振兴的有效路径。2015 年以来，我国乡村旅游产业发展进入快速发展期，2018 年全国休闲农业和乡村旅游接待人次超 30 亿，营业收入超过 8000 亿元，较 2017 年 5500 亿至少增长 45%。乡村旅游作为新时期旅游发展的新业态，已成为乡村振兴的重要突破口，是乡村产业融合的重要抓手。

当前，我国乡村旅游进入快速发展阶段，市场竞争日趋激烈，这将引发市场的优化整合。如何发挥特色与优势将乡村旅游的元素进行组合，是乡村旅游得以长足发展的重中之重。为此，我们组织相关人员，选择衡阳市作为研究对象，在充分调查的前提下，理清衡阳乡村旅游的各项资源，并结合生态经济学、生态旅游学、可持续发展、环境伦理学等理论编写了该书。全书由我编写大纲后，先后三次召开编写成员会议。该书经过近五年时间的研究，现在得以付梓。共分为上篇和下篇，其中上篇 6 章，下篇 4 章，由我统筹、修改定稿。上篇第一章由我和张艳红同志编写；上篇第二章由郭瓛同志编写。上篇第三章第一节由我和钟燕同志编写，上篇第三章第二节到四节由钟佩佩同志编写，上篇第四章第一节由我编写、第二节由郭瓛同志编写、第三节到第五节由贺小成同志编写；上篇第五章由熊国样同志编写；上篇第六章由钟燕、陈运喜同志编写。下篇第一章由力致鸣同志编写；下篇第二章由郭玲同志编写；下篇第三章由唐映月同志编写；下篇第四章由郭玲同志编写。全书由我全面审定后定稿，全书编写过程中，钟佩佩同志在文稿校对、资料收集整理上做了大量工作。为了该书的出版，衡阳市文化旅游广电体育局的提供了有关衡阳的乡村旅游原始材料，并召开了专题会议，让我们更能整体把握衡阳乡村旅游情况。该书的编写，我们借鉴了国内学者的一些研究成果，未能一一列出，在此，我们表示真诚的谢意。由于时间仓促，尽管我们做了最大的努力，本书肯定还存在不尽人意之处，恳请广大同仁、读者批评指正。

屈中正
二〇一九年十月